全国高职高专规划教材·土木工程系列

结构力学

主　编　严心娥

副主编　王　群　关宏洁　李红侠

参　编　冯秀梅

内 容 简 介

本书是专为高职高专院校建筑工程类专业编写的教学用书。

本书分八章，其内容包括绪论、平面体系的几何构造分析、静定结构的内力计算、静定结构的位移计算、力法、位移法、影响线、矩阵位移法。本书是在作者积累了多年的教学经验的基础上编写的，从基本理论阐述、公式推证、工程实例讲解等内容编排出发，坚持易懂、好用的原则，突出工程实际的应用。书中每章均有内容提要、学习要点、例题、思考题和习题，供学习时参考。

图书在版编目(CIP)数据

结构力学／严心娥主编. —北京：北京大学出版社，2011.8
(全国高职高专规划教材·土木工程系列)
ISBN 978-7-301-18988-7

Ⅰ.①结…　Ⅱ.①严…　Ⅲ.①结构力学—高等职业教育—教材　Ⅳ.①O342

中国版本图书馆 CIP 数据核字(2011)第 111200 号

书　　名：结构力学
著作责任者：严心娥　主编
策 划 编 辑：桂　春
责 任 编 辑：桂　春
标 准 书 号：ISBN 978-7-301-18988-7/TU·0155
出 版 发 行：北京大学出版社
地　　址：北京市海淀区成府路 205 号　100871
电　　话：邮购部 62752015　发行部 62750672　编辑部 62765126　出版部 62754962
网　　址：http://www.pup.cn
电 子 信 箱：zyjy@pup.cn
印 刷 者：三河市博文印刷有限公司
经 销 者：新华书店
787 毫米×1092 毫米　16 开本　7.5 印张　192 千字
2011 年 8 月第 1 版　2017 年10月第 2 次印刷
定　　价：18.00 元

前　言

“结构力学”课程的任务是研究工程结构在外载荷作用下的应力、应变和位移等的规律；分析不同形式和不同材料的工程结构，为工程设计提供分析方法和计算公式；确定工程结构承受和传递外力的能力。

本书以工程应用为目标，对基础概念和基础原理说理透彻、思路清晰，理论联系实际，并有较多的例题和习题，重视对学生结构分析和计算能力的培养。

当然，结构力学以理论力学和材料力学为前修课程，所以要学好结构力学知识，必须以较好地掌握前修课程为基础。

全书由严心娥任主编。具体编写分工如下：西安欧亚学院王群编写第1、2章，西安欧亚学院严心娥编写第3、4章并统稿，西安欧亚学院关宏洁编写第5、6章，西安建筑科技大学李红侠编写第7章，青岛农业大学冯秀梅编写第8章。

由于作者水平有限，书中疏漏和不妥之处在所难免，望读者不吝指正。

编　者

2011年6月

目　录

第1章　绪　　论

主要内容

结构的定义、结构的分类、结构力学的研究对象和任务、结构计算简图的简化原则和简化要点、杆件的分类、荷载的分类。

学习重点

结构计算简图的简化原则和简化要点。

学习要求

了解结构的定义、结构的分类；了解结构力学的研究对象和任务；掌握杆件结构的分类、荷载的分类；重点掌握结构计算简图的简化原则和简化要点。

1.1　概　　述

1.1.1　结构的定义

工程中能够承受荷载并起到骨架作用的部分称为结构。

1.1.2　结构的分类

按结构构件几何尺寸的特点，结构通常分为3类：

（1）杆件结构——构件长度方向尺寸远远大于其高度和宽度；

（2）板壳结构（又称薄壁结构）——厚度远远小于其长度和宽度；

（3）实体结构——3个方向的尺寸大致相同。

1.1.3　结构力学的研究对象

结构力学作为力学学科的一个分支，其研究对象涉及较广，通常将结构力学分为“狭义结构力学”、“广义结构力学”、“现代结构力学”。

狭义结构力学，也称杆系结构力学或经典结构力学，其研究对象为由杆件所组成的体系。这是传统的概念，因此也被称作经典或传统结构力学。

广义结构力学所研究的对象是可变形的物体。除可变形杆件组成的体系外，它还研究可变形的连续体（平板、块体、壳体等），相当于传统概念中结构力学和弹性力学等研究对象的综合。

现代结构力学是随着科学技术的发展，将工程项目从论证到设计，从施工到使用期内维护的整个过程作为大系统，研究大系统中的各种力学现象。

本课程研究的是杆系结构力学。

1.1.4 结构力学的任务

（1）研究结构的几何组成规律和合理形式；

（2）讨论外界（荷载或非荷载）因素作用下，结构内力和变形的计算方法；

（3）讨论结构在移动荷载作用下，结构量值的变化规律；

（4）讨论结构的稳定性；

（5）讨论材料和结构性能的充分发挥；

（6）讨论结构在动力荷载作用下的结构反映；

（7）讨论杆系结构的数值计算方法。

1.1.5 结构力学与其他课程的联系

先修课程：高等数学、理论力学、材料力学和计算机方法——提供基本力学原理和计算方法。

后续课程：弹性力学、钢结构、钢筋混凝土结构及专业课——提供计算方法。

材料力学、结构力学、弹性力学均研究结构的强度、刚度和稳定问题：

材料力学——单根杆件；

结构力学——杆件系统（杆系）；

弹性力学——板壳和实体结构。

1.2 结构计算简图和简化要点

1.2.1 计算简图的定义

计算简图是针对实际结构的简化和抽象。

实际工程是很复杂的，如果不做任何简化，将根本无法分析计算。为了分析实际结构，需利用力学知识、结构知识和工程实践经验，经过科学的抽象，抓住反映实际受力、变形等规律的主要因素，忽略次要的因素将其进行合理的简化。这一过程称作“力学建模”，经简化后用于计算的模型，称为结构的计算简图。

1.2.2 计算简图的简化原则

计算简图的简化原则如下：

（1）从实际出发，计算简图应能正确反映实际结构的主要受力和变形性能，使计算结构接近实际情况。

（2）分清主次，保留主要因素，略去次要因素，使计算简图便于计算。

1.2.3　计算简图的简化要点

1. 杆件——杆系结构的主体

在计算简图中用杆件的纵向轴线来表示杆件，其几何特征是忽略杆件的截面尺寸，仅考虑其长度。杆件中的内力有弯矩（M）、剪力（Q）、轴力（N）。

2. 结点——杆件之间的连接点（交点）

根据实际构造，结点的计算简图分为两种基本类型：铰结点和刚结点。

（1）铰结点

铰结点几何特征为各杆可绕结点自由转动，结点处不能承受和传递弯矩，但能承受和传递力，其表示方法如图 1-1（a）中的 A 点。铰结点常用于桁架结构中。

（2）刚结点

刚结点的特征是结点上所连接的杆件不能绕结点转动，也不能移动，结点处不但能承受和传递力，而且能承受和传递弯矩，其表达方式如图 1-1（b）中 A 点。刚结点常用于刚架中。

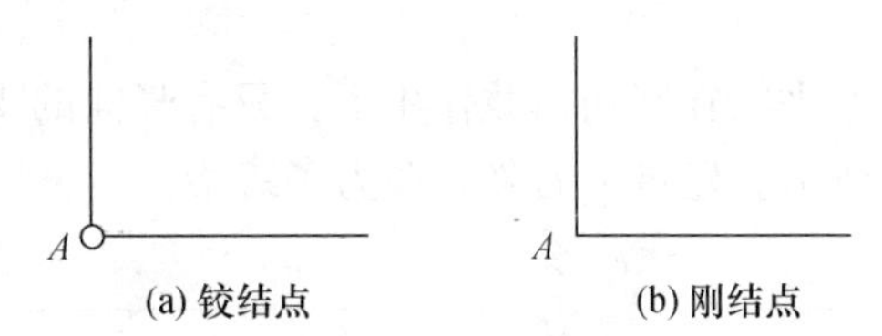

图 1-1　结点的类型

3. 支座——结构与基础之间的连接点

（1）可动铰支座（链杆）

如图 1-2 所示，可动铰支座的几何特征是结构沿着链杆方向的位移被约束，结构可以绕铰点（A 点）转动以及沿着链杆的垂直面做微小移动。因此其约束力沿着链杆方向。

（2）固定铰支座

如图 1-3 所示，固定铰支座的几何特征是结构只可以绕铰点（A 点）转动，不能平动，即不能作水平方向的移动，也不能作竖直方向的移动。因此固定铰支座有水平和竖直方向两个约束力。

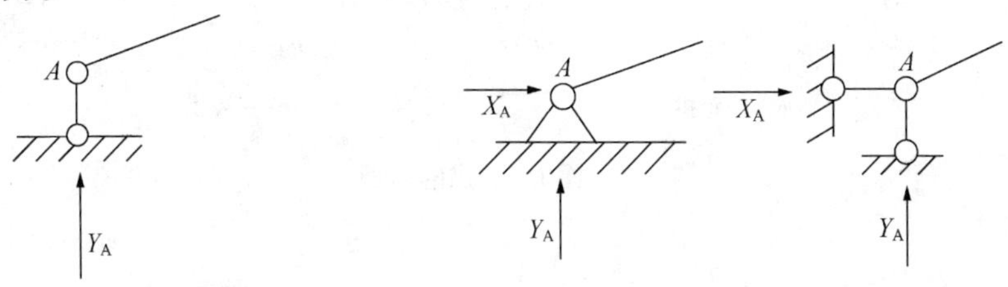

图 1-2　可动铰支座　　图 1-3　固定铰支座

(3) 固定端支座

如图 1-4 所示，固定端支座的几何特征是结构既绕端点不能转动，也不能作水平和竖向的移动，因此有三个约束力：水平力、竖直力和力偶矩。

(4) 定向支座

如图 1-5 所示，定向支座的几何特征是结构不能转动，也不能沿着杆件方向移动，只能沿着支座的支承面移动，因此有两个约束力。

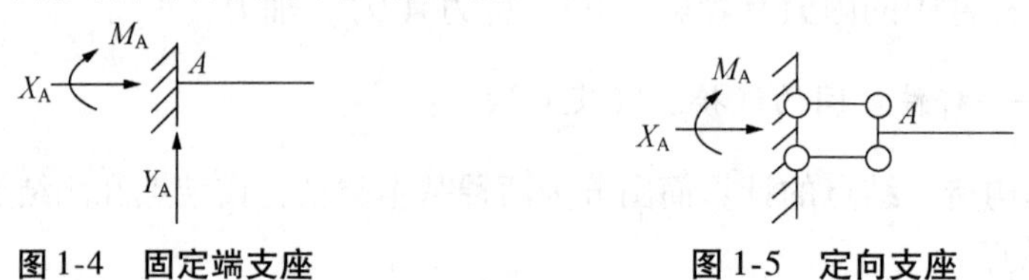

图 1-4　固定端支座　　图 1-5　定向支座

1.3　杆件结构的分类

结构的分类是按结构的计算简图来分类。平面杆件结构可分为如下几类：

1. 梁

梁是一种受弯构件，水平梁在竖向荷载作用下，只有竖向的支座反力，梁的截面内力有剪力和弯矩。如图 1-6 所示。建筑中的梁大多为多跨梁。

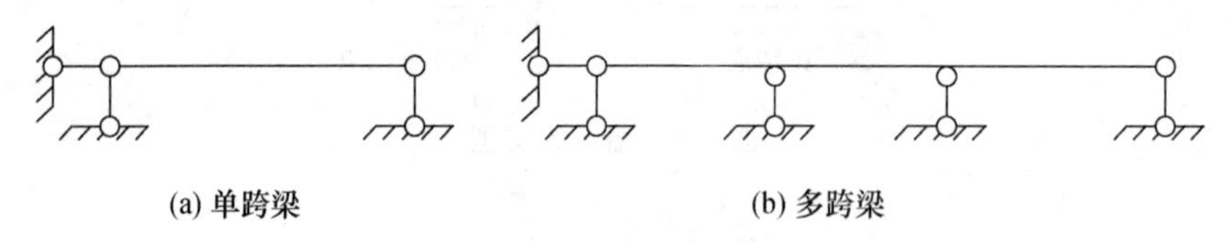

(a) 单跨梁　　(b) 多跨梁

图 1-6　梁的类型

2. 拱

拱的轴线为曲线，且在竖向荷载作用下支座会产生水平推力。拱的截面内力有弯矩、剪力和轴力。如图 1-7 所示。建筑中的拱形桥墩可看成拱结构。

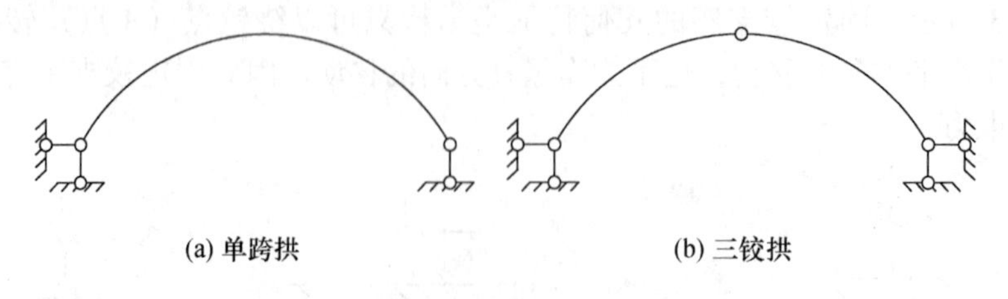

(a) 单跨拱　　(b) 三铰拱

图 1-7　拱的类型

3. 桁架

桁架中所有直杆都是用铰结点连接而成，没有刚结点，其杆件内力只有轴力，没有剪力和弯矩。如图 1-8 所示。建筑中的某些屋架可看成是桁架。

4. 刚架

刚架是由若干直杆组成，且至少具有一个刚结点的结构，其内力有弯矩、剪力和轴力。如图 1-9 所示。

5. 组合结构

组合结构是由桁架杆件和梁式杆组合而成的结构。如图 1-10 所示。

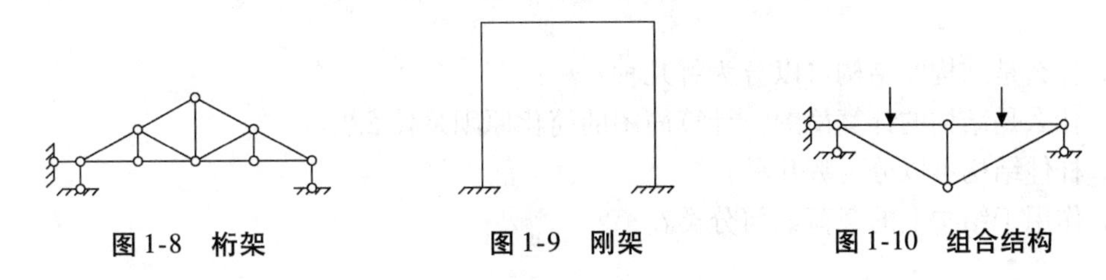

图 1-8　桁架　　图 1-9　刚架　　图 1-10　组合结构

1.4　荷载的分类

荷载是直接作用于结构上的主动外力，是引起结构内力和变形的原因。荷载的分类方法如下。

1. 按荷载作用的时间长短分类

按荷载作用的时间长短可分为恒荷载和活荷载。

恒荷载（简称荷载）是长期作用于结构上的不变荷载，其大小方向与时间无关，量值不会发生变化，如自重等。

活荷载（简称活载）是暂时作用于结构上的荷载，其位置和大小数值均为可变的荷载，如结构上的人群、风、雪等荷载。

2. 按荷载作用的范围分类

按荷载作用的范围可分为集中荷载和分布荷载。

当荷载作用在结构上的作用面很小，可以认为荷载作用在结构上一点，称为集中荷载。

当荷载在一定面积或长度上时，可简化为分布荷载。

3. 按荷载作用的性质分类

按荷载作用的性质可分为静力荷载和动力荷载。

当荷载作用在结构上变化速度缓慢不会引起结构产生明显的运动加速度时，这种荷载叫静力荷载。

当荷载作用在结构上其大小和作用方向随时间引起结构产生明显的加速度，因而不能忽略其惯性力时，这种荷载叫动力荷载。

4. 按荷载作用位置变化与否分类

按荷载作用位置变化与否可分为固定荷载和移动荷载。

作用位置固定不变的荷载是固定荷载，如雨、雪荷载。在结构上可以自由移动的荷载是移动荷载，如吊车、汽车的轮压。

思考题

1. 什么是结构？结构可以分为哪几种？
2. 什么是结构的计算简图？计算简图的简化原则是什么？
3. 杆件结构可以分为哪几种？
4. 作用于结构上的载荷如何分类？

第 2 章　平面体系的几何构造分析

主要内容

几何不变体系与几何可变体系的基本概念、自由度与约束的概念定义、结构自由度的计算、几何不变体系的判定原则。

学习重点

自由度。

学习要求

了解几何不变体系与几何可变体系的基本概念；掌握自由度和约束的概念、结构自由度的计算；重点掌握几何不变体系的判定原则。

2.1　概　　述

一个结构要能承受荷载，首先它的几何组成应当合理，要能够使几何形状保持不变。

体系受到任意荷载作用后，若不考虑由于材料的应变所产生的变形，而保持其几何形状和位置不变的，称为几何不变体系。如图 2-1 所示。

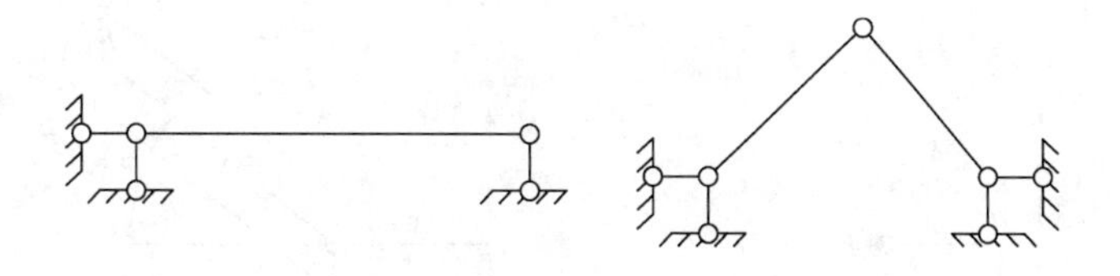

图 2-1　几何不变体系

在不考虑材料的应变条件下，几何形状和位置可以改变的体系称为几何可变体系。如图 2-2 所示。

对体系进行几何组成分析的目的在于：判别某一体系是否几何不变，以决定是否可以作为结构；根据体系的几何组成，确定结构是静定结构还是超静定结构，从而选择反力和内力的计算方法；通过几何组成分析，明确结构的构成特点，从而选择结构受力分析的顺序。

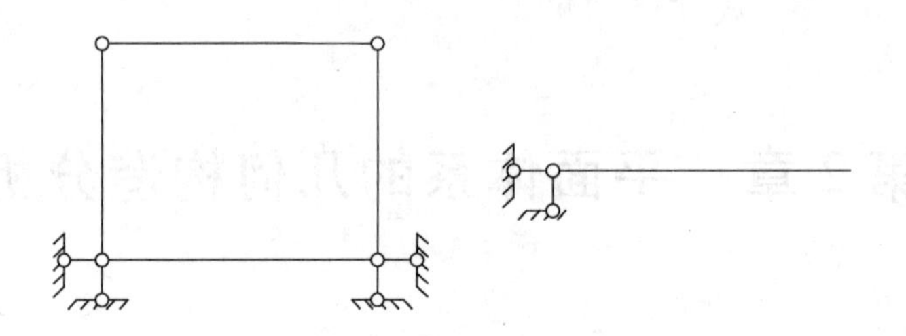

图 2-2　几何可变体系

2.2　自由度与约束

2.2.1　自由度

确定体系位置所必需的最少的独立坐标的个数，称为自由度。自由度也可以说是一个体系运动时，可以独立改变其位置的坐标个数。

1. 一个点的自由度

在平面一个点 A（x，y），其位置可由两个坐标 x 和 y 来确定，即确定一个点的位置所需的坐标有两个，如图 2-3（a）所示，因此一个点的自由度为 2。

2. 一个刚片的自由度

平面内的刚片，在平面中除了可以沿水平方向和竖直方向移动外，还能自由转动，其在平面内的位置，可由刚片上任一点 A 的坐标（x，y）和通过点 A 的任一直线 AB 的倾角 α 三个坐标来确定，如图 2-3（b）所示，所以一个刚片的自由度为 3。

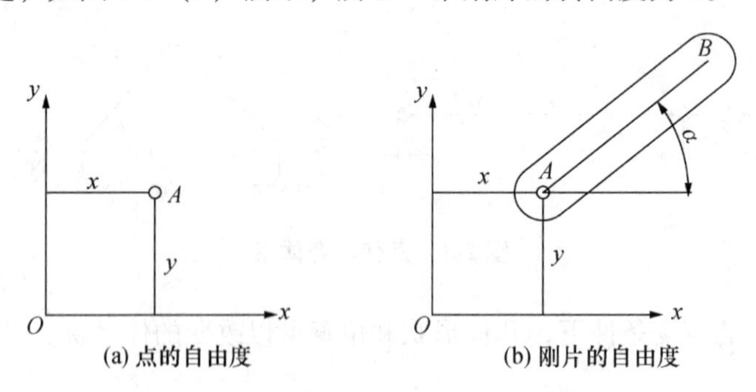

图 2-3　自由度的数目

2.2.2　约束

能使体系减少自由度的装置称为约束。减少一个自由度的装置称为一个约束，减少 n 个自由度的装置，相当于 n 个约束。

1. 可动铰支座（链杆）

如图 2-4（a）所示，若用一根链杆将一刚片与基础相连，则刚片将不能沿链杆方向移动，因而减少了一个自由度，故一根链杆相当于一个约束。

2. 固定铰支座

如图 2-4（b）所示，若用一固定铰支座根链杆将一刚片与基础相连，则刚片将不能沿水平方向和竖向方向移动，因而减少了两个自由度，故固定铰支座相当于两个约束。

3. 固定端支座

如图 2-4（c）所示，若用一固定端支座将一刚片与基础相连，则刚片将不能沿水平方向和竖直方向移动，同时结构还不能转动，因而减少了三个自由度，故固定端支座相当于三个约束。

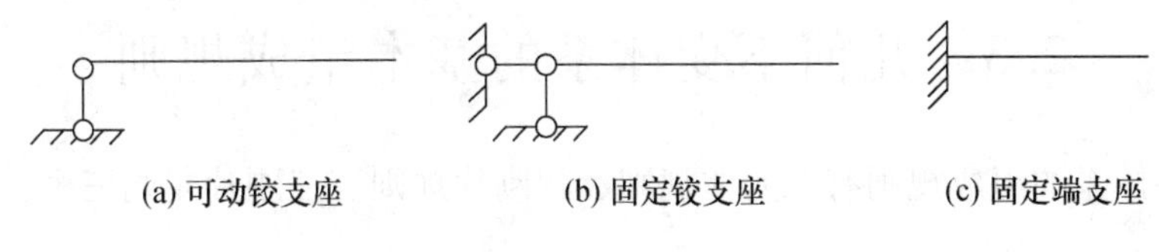

(a) 可动铰支座　(b) 固定铰支座　(c) 固定端支座

图 2-4　约束类型

4. 铰

连接两刚片的铰称为单铰。如图 2-5（a）所示，*AB*、*AC* 两个刚片通过铰 *A* 连接。连接前 *AB* 和 *AC* 各有三个自由度，共六个自由度。连接后 *AB* 用三个坐标确定（如前所述），再用 *AB* 和 *AC* 的夹角就可以确定 *AC*，因而确定 *AB* 和 *AC* 的位置共需四个坐标，比连接前减少了两个自由度。可见，单铰可以减少两个自由度，因此，一个单铰相当于两个约束。

连接三个及以上刚片的铰称为复铰，如图 2-5（b）所示。连接 n 个刚片的复铰相当于 $2(n-1)$ 个约束。

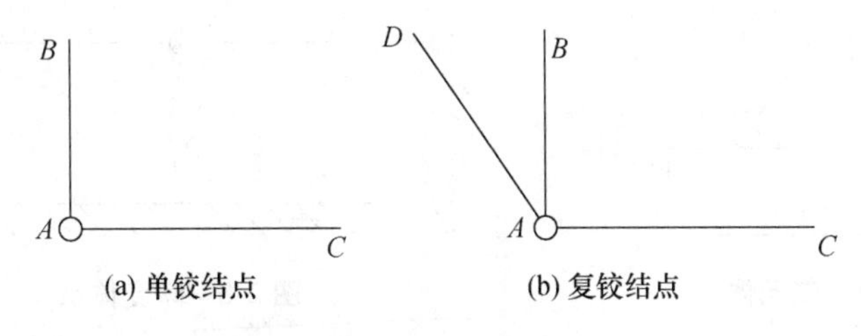

(a) 单铰结点　(b) 复铰结点

图 2-5　铰的类型

5. 刚结点

连接两个刚片的刚性结点称为单刚结点，如图 2-6（a）所示，*AB* 和 *AC* 之间为刚性连接，连接前刚片 AB 和 AC 各有三个自由度，共计有六个自由度。连接后成为一个整体，故仍有三个自由度，比连接前减少了三个自由度，可见一个单刚结点可以减少三个自由度，因此一个单刚结点相当于三个约束。

连接两个以上刚片的刚性结点称为复刚结点，如图 2-6（b）所示。连接 n 个刚片的复刚结点相当于 $3(n-1)$ 个约束。

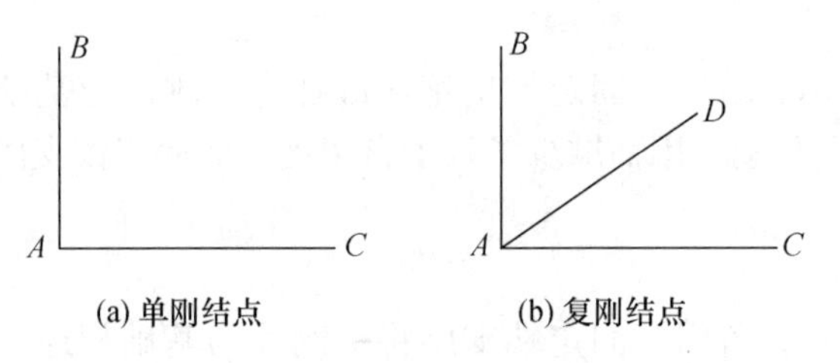

图 2-6　结点类型

2.3　几何不变体系的基本组成规则

平面杆件体系的组成规则有二元体规则、两刚片规则、三刚片规则三个，分述如下。

2.3.1　二元体规则

二元体规则：在一个刚片上增加或拆除一个二元体仍为几何不变体系。

二元体是指由一个铰结点连接两根不共线的链杆，如图 2-7 中 ABC 部分。在一个已知体系上依次加入或依次拆除二元体，不会影响原体系的几何不变性或可变性。

上述规则中，二元体中的两个链杆是不共线的，如果这两个链杆在一条直线上，如图 2-8 所示，AB、AC 在同一条直线上，A 点可在竖直方向做微小的位移，当 A 点移动到 A' 时不再继续发生改变。这种体系称之为瞬变体系，是几何可变体系的一种，不能作为结构使用。

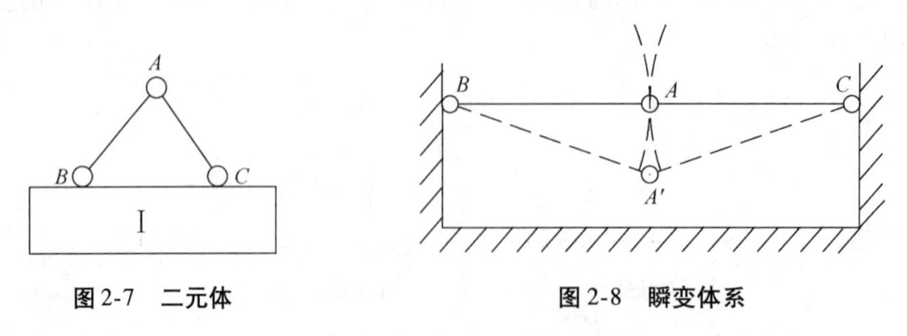

图 2-7　二元体　　图 2-8　瞬变体系

【例 2-1】 对图 2-9（a）所示结构进行几何组成分析。

解： 依次拆除二元体 ACD、DEB、ADB，剩余的体系是一个简支梁，所以原体系是一个没有多余约束的几何不变体系。

【例 2-2】 对图 2-9（b）所示结构进行几何组成分析。

解：该体系可以看成在简支梁 AB 上增加二元体 ACE 和 BDE，因此，原体系为多余约束的几何不变体系。

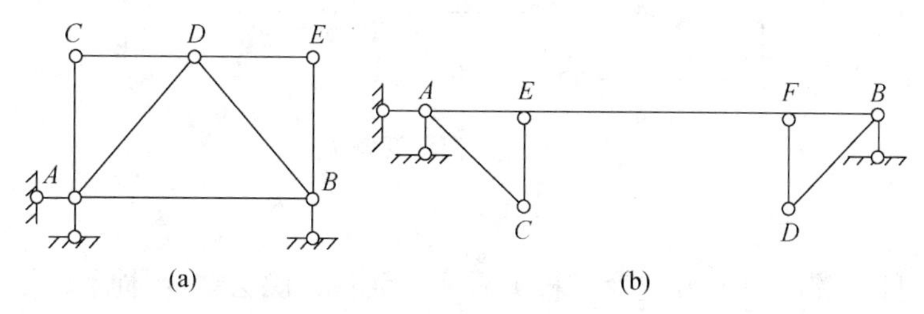

图 2-9　例 2-1、2-2 用图

2.3.2　两刚片规则

1. 两个刚片用一个铰和一根不过该铰的链杆相连，则该体系是没有多余约束的几何不变体系。如图 2-10（a）所示。注意：这里的铰可以是实铰，也可以是两个杆件延长线的交点，称为虚铰。

2. 两个刚片用不全交于一点也不完全平行的 3 根链杆相连，则组成的体系是几何不变体系且没有多余约束。如图 2-10（b）所示。

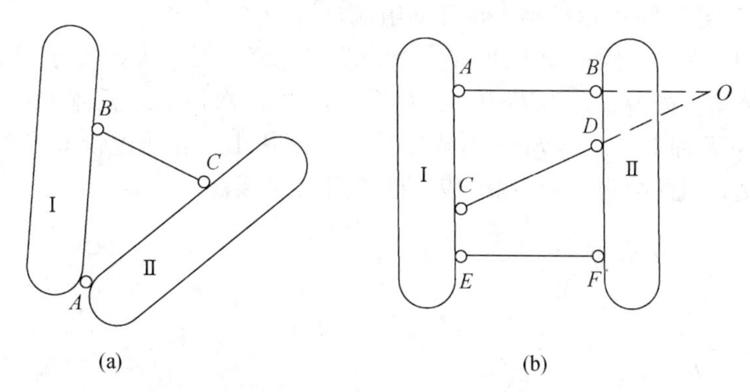

图 2-10　几何不变体系

图 2-11（a）所示刚片Ⅰ、Ⅱ用三根相交于同一点 O 点的链杆连接，体系可绕着杆件 AB 和 CD 的延长线的交点 O 点（虚铰）转动，因此原结构是几何可变体系。图 2-11（b）所示刚片Ⅰ、Ⅱ用三根完全平行的链杆连接，它们可看成在无穷远处相交，所以体系仍可转动，是几何可变体系。

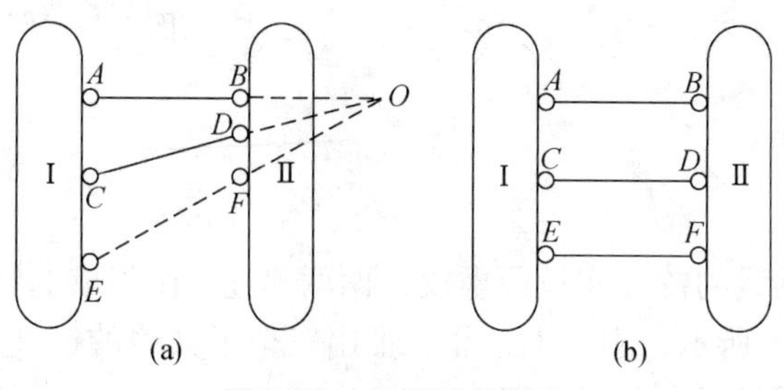

图 2-11　几何可变体系

【例 2-3】对图 2-12 所示结构进行几何组成分析。

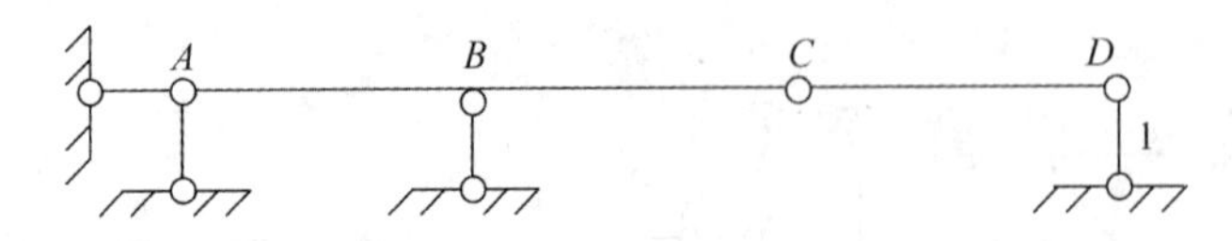

图 2-12 几何不变体系

解:

方法一：可以把链杆 *CD* 和支座链杆 1 看成二元体，除去二元体后剩余的体系是外伸梁，因此原体系是没有任何多余约束的几何不变体系。

方法二：把外伸梁 *AC* 和基础看成是刚片Ⅰ、杆件 *CD* 看成是刚片Ⅱ，刚片Ⅰ、Ⅱ通过铰 *C* 和链杆 1 连接，符合两刚片原则，因此，原体系是没有多余约束的几何不变体系。

【例 2-4】对图 2-13 所示结构进行几何组成分析。

解: 将 *CDE* 和基础看成是刚片Ⅰ和Ⅱ，折杆 *AC* 和 *BD* 可看成是直杆 2、3（虚线所示），刚片Ⅰ和Ⅱ通过杆件 1、2、3 连接，若杆件 1、2、3 交于一点，则结构为几何可变体系；若杆件 1、2、3 未交于一点，则结构为无多余约束的几何不变体系。

【例 2-5】对图 2-14 所示结构进行几何组成分析。

解: 结构中只有一个固定铰支座和一个活动铰支座，可以去掉支座只分析剩余的结构。对剩余的体系，去掉二元体 *FPH*，三角形 *ABF* 上依次加上二元体 *FGA*、*BCG* 形成刚片Ⅰ，三角形 *GHE* 加上二元体 *EDH* 形成刚片Ⅱ，刚片Ⅰ、Ⅱ通过铰 *G* 和杆件 *CD* 连接，符合两刚片规则，因此结构是无多余约束的几何不变体系。

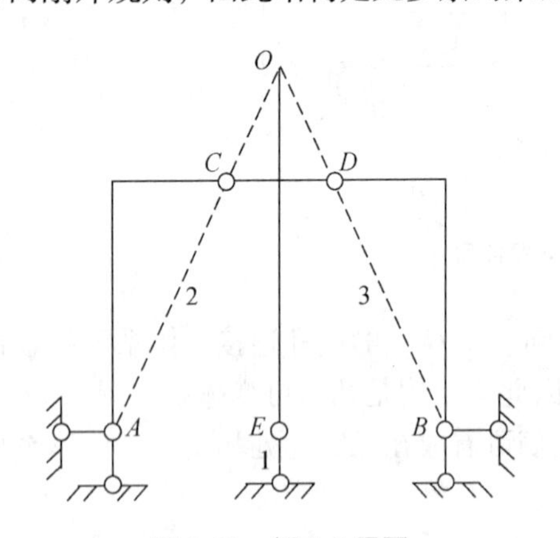

图 2-13 例 2-4 用图

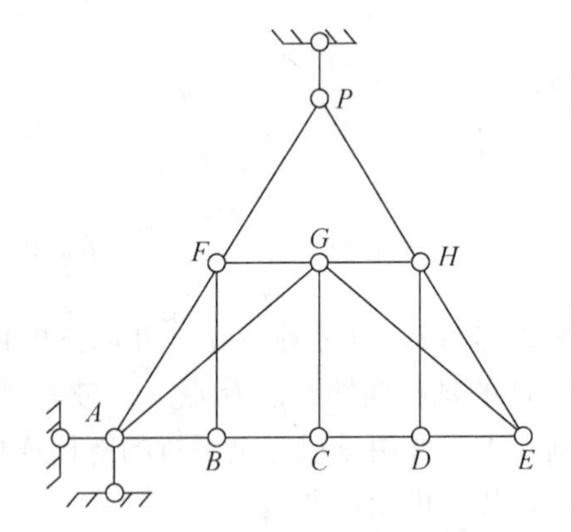

图 2-14 例 2-5 用图

2.3.3 三刚片规则

三刚片用三个不共线的铰（实铰或虚铰）两两相连，则组成的体系是无多余约束的几何不变体系。如图 2-15 所示，刚片Ⅰ、Ⅱ、Ⅲ用三个不共线的铰 *A*、*B*、*C* 相连，则组成的体系是几何不变体系且无多余的约束。

【**例 2-6**】对图 2-16 所示结构进行几何组成分析。

解：分别将三角形 *ADF*、*CEF* 和基础看成是刚片Ⅰ、Ⅱ、Ⅲ，刚片Ⅰ和Ⅱ通过铰 *F* 连接，刚片Ⅰ和Ⅲ通过链杆 1 和杆件 *BD* 的延长线的交点 *A* 连接，刚片Ⅱ和Ⅲ通过链杆 2 和杆件 *BE* 的延长线的交点 *C* 连接，由于 *A*、*F*、*C* 在同一条直线上，因此结构是几何可变体系。

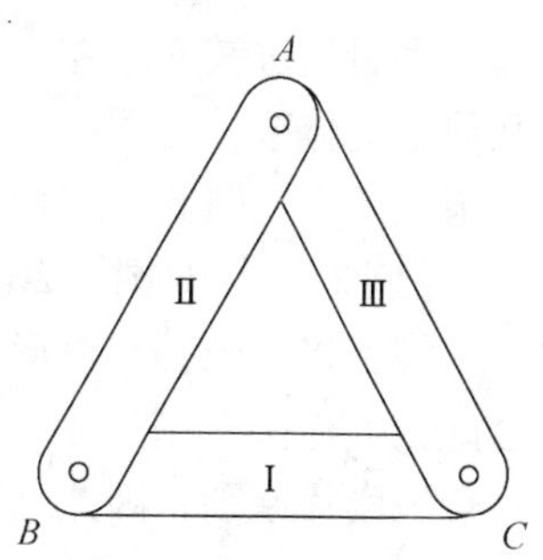

图 2-15　几何不变体系

【**例 2-7**】对图 2-17 所示结构进行几何组成分析。

解：去掉支座剩余的体系中分别将三角形 *ABG*、三角形 *CDG* 和杆件 *EF* 看成是刚片Ⅰ、Ⅱ、Ⅲ。刚片Ⅰ和Ⅱ通过铰 *G* 连接，刚片Ⅰ和Ⅲ通过杆件 *AE*、*BF* 延长线的交点连接，刚片Ⅱ和Ⅲ通过杆件 *CF*、*DE* 延长线的交点连接，符合三刚片规则，因此结构是几何不变体系且无多余约束。

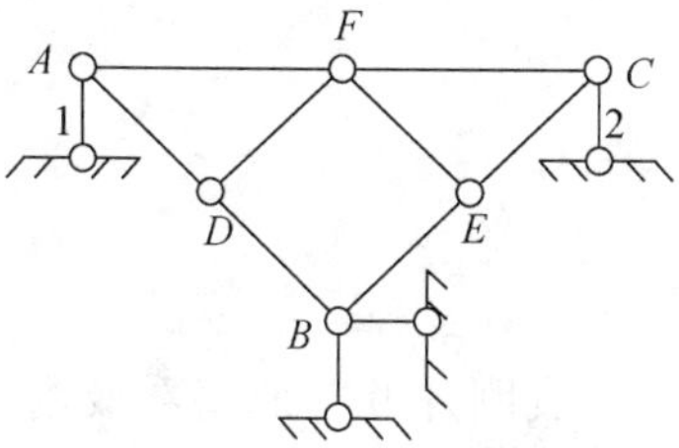

图 2-16　例 2-6 用图

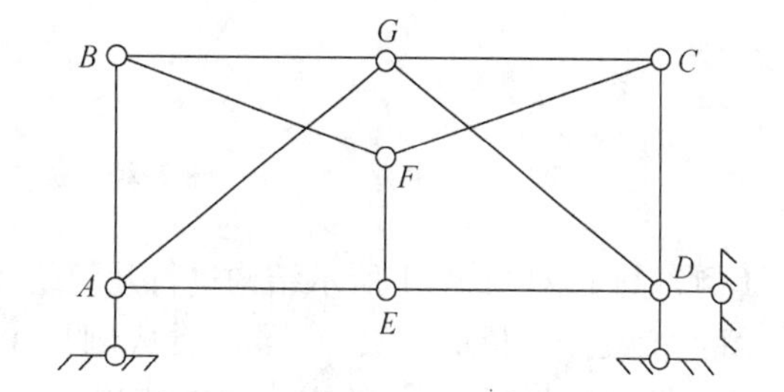

图 2-17　例 2-7 用图

2.4　几何不变体系的基本组成规则的应用

【**例 2-8**】对图 2-18 所示结构进行几何组成分析。

解：杆件 *AB* 是悬臂结构，与基础形成几何不变体系，因此把杆件 *AB* 和基础看成一刚片，它和杆件 *BC* 通过铰 *B* 和支座链杆连接形成几何不变体系，可看成大刚片，再与杆件 *BD* 通过铰 *B* 和支座链杆连接形成几何不变体系。因此原结构是无多余约束的几何不变体系。

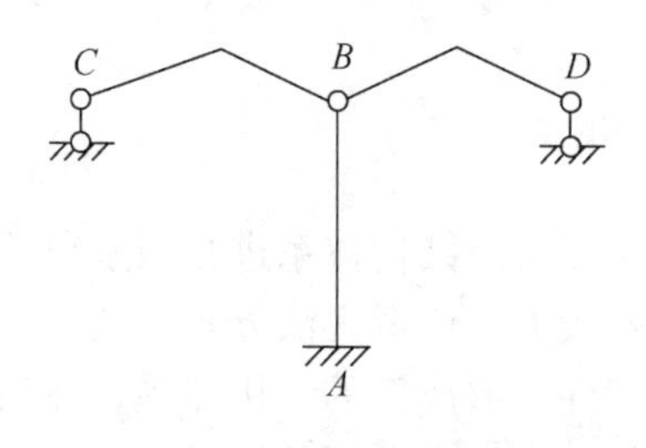

图 2-18　例 2-8 用图

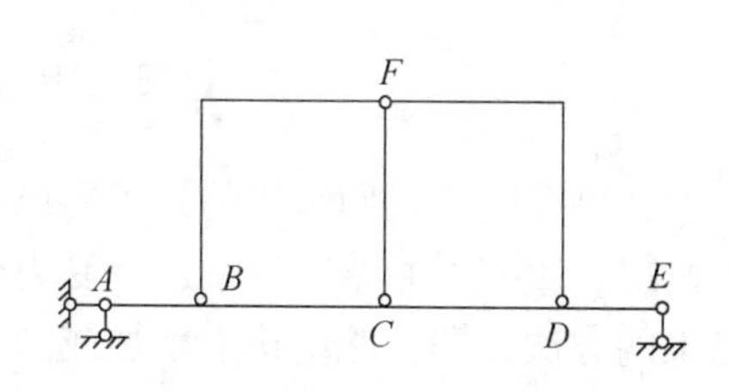

图 2-19　例 2-9 用图

【**例 2-9**】对图 2-19 所示结构进行几何组成分析。

解：结构只有一固定铰支座和一活动铰支座，对结构性质不影响，可不考虑支座。剩余体系中，将杆件 *AC*、*BF*、*CF* 分别看成刚片Ⅰ、Ⅱ、Ⅲ，刚片Ⅰ和Ⅱ通过铰 *B* 连接，刚片Ⅰ和Ⅲ通过铰 C 连接，刚片Ⅱ和Ⅲ通过铰 F 连接，三铰不共线，符合三刚片原则，故为几何不变体系，可看成一大刚片，此大刚片与杆件 DF 通过铰 F 和链杆 CD 连接，形成几何不变体系。因此，结构为无多余约束的几何不变体系。

【例 2-10】 对图 2-20 所示结构进行几何组成分析。

解：将基础、三角形 CDE、三角形 DFK 分别看成是刚片Ⅰ、Ⅱ、Ⅲ，刚片Ⅰ、Ⅱ通过虚铰 L 连接，刚片Ⅰ、Ⅲ通过虚铰 M 连接，刚片Ⅱ、Ⅲ通过铰 D 连接，三铰不共线，符合三刚片原则，因此结构为无多余约束的几何不变体系。

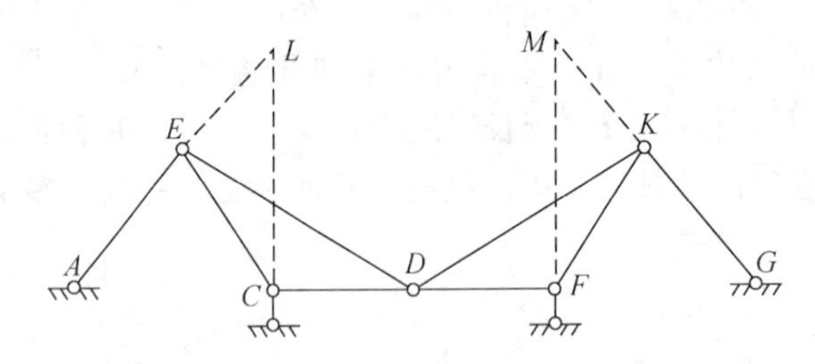

图 2-20　例 2-10 用图

【例 2-11】 对图 2-21 所示结构进行几何组成分析。

解：将铰接三角形（2，3，4）看成刚片Ⅰ、链杆 8 看成刚片Ⅱ，地基看成刚片Ⅲ。刚片Ⅰ、Ⅱ通过链杆 5、6 的交点铰 B 相连；刚片Ⅱ、Ⅲ通过链杆 7、9 的延长线交点虚铰 C 相连；刚片Ⅰ、Ⅲ通过链杆 1、10 的延长线交点虚铰 A 相连；且铰 B、虚铰 C、虚铰 A 不在同一直线上，因此整个体系为无多余约束的几何不变体系。

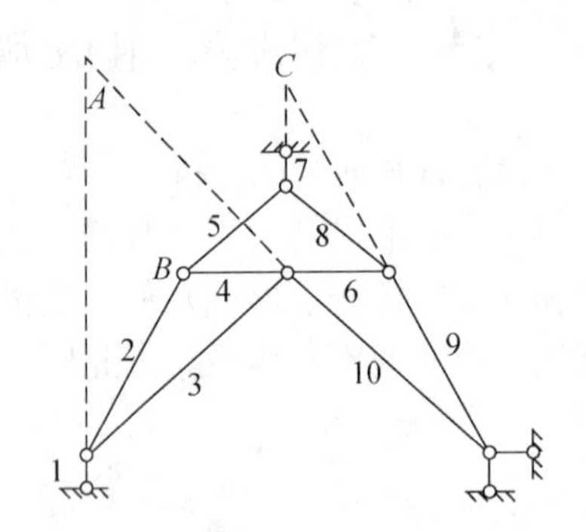

图 2-21　例 2-11 用图

分析上述例题时，我们采用的是正向思维，即直接对原结构体系进行组成分析。但是对于某些情况，直接对原结构体系进行受力分析难度较大，或者无法分析，此时我们可采用逆向思维的方法，即在原结构上增加或减少部分杆件，形成新的结构体系，然后对新的结构体系进行组成分析，在此基础上可得到原体系的组成性质。例题如下：

【例 2-12】 分析图 2-22 所示的结构组成。

解：对于本题，可连接 CE 形成新的结构体系，对新体系进行分析，分析如下：

新体系内：三角形 BCE 上依次叠加二元体 $C\text{-}F\text{-}E$、$C\text{-}D\text{-}F$，形成刚片Ⅰ，将基础看成刚片Ⅱ，刚片Ⅰ和Ⅱ通过杆件 AE、FG、DG 连接，三根杆件既不完全平行也不全交于一点，符合三刚片原则，所以新体系为无多余约束的几何不变体系。

而原体系比新体系少一根杆件 *CE*，一根杆件相当于一个约束，故原体系为少一个约束的几何可变体系。

【**例 2-13**】分析图 2-23 所示的结构组成。

解：对于该结构我们可以去掉杆件 *CD* 则结构变成了例 2-2 中的结构体系，而例 2-2 中的结构为无多余约束的几何不变体系，本题多了杆件 *CD*，相当于多一个约束，因此本题中的结构体系为有一个多余约束的几何不变体系。

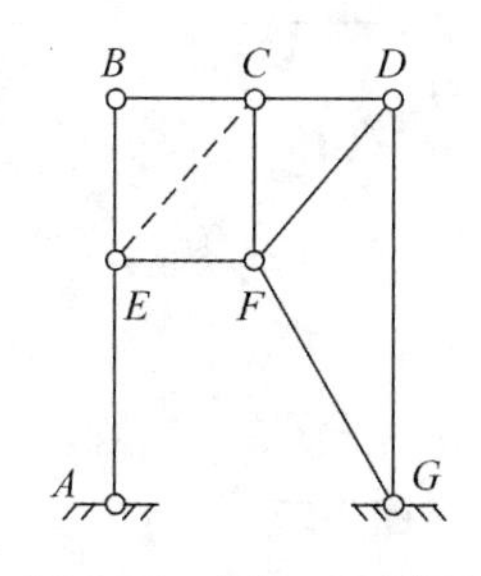

图 2-22　例 2-12 用图

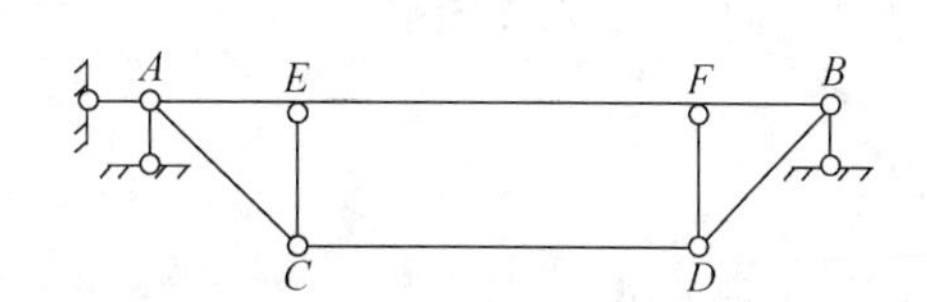

图 2-23　例 2-13 用图

思 考 题

1. 实铰和虚铰有什么不同？
2. 什么是几何可变体系？什么是几何不变体系？
3. 什么是自由度？什么是约束？
4. 试述几何组成分析的三个规则。

习　　题

试对图 2-24～2-45 所示体系进行几何组成分析，如果体系是几何不变的，确定有无多余约束，有多少约束。

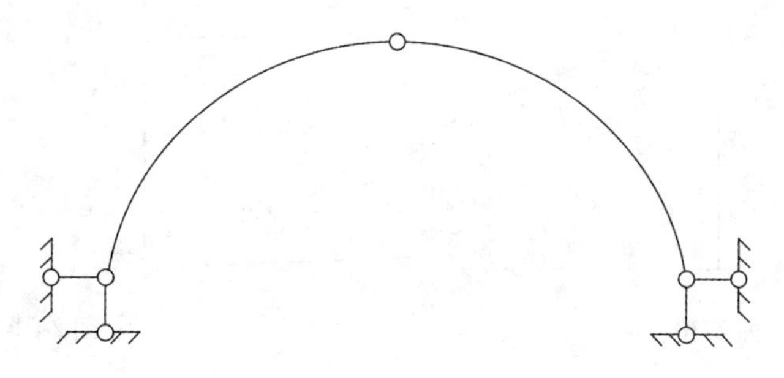

图 2-24

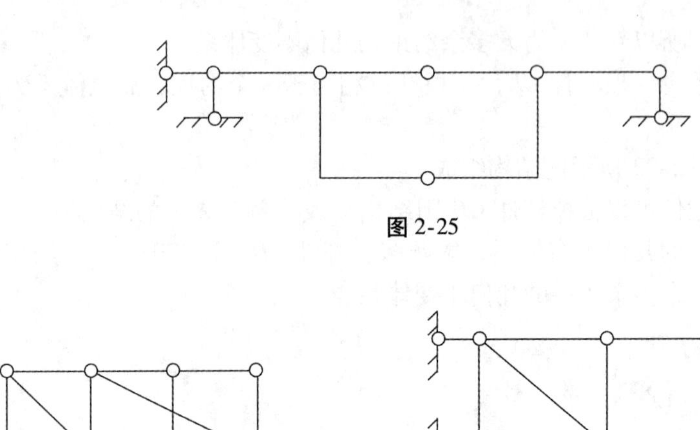

图 2-25

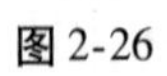

图 2-26

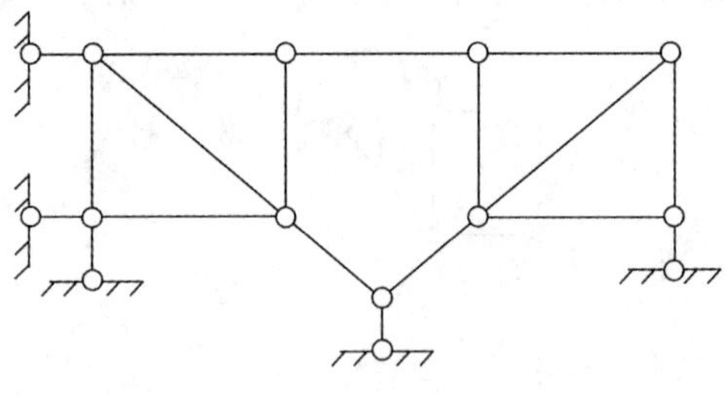

图 2-27

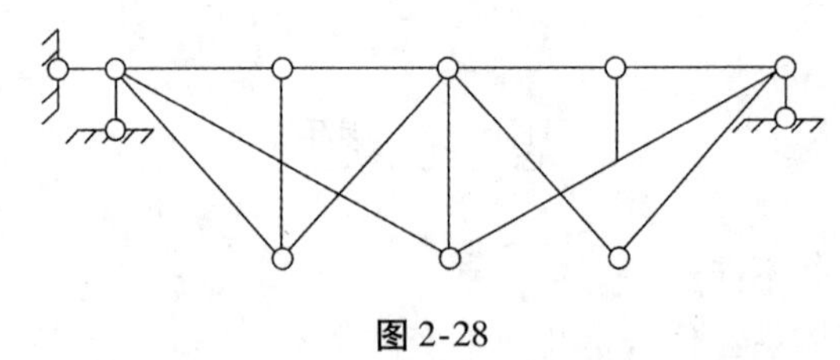

图 2-28

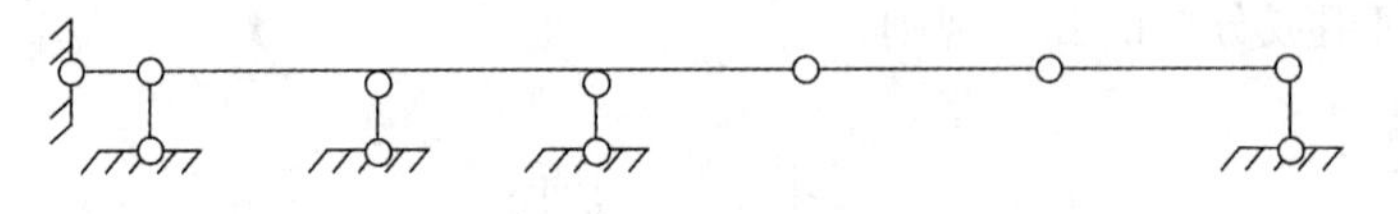

图 2-29

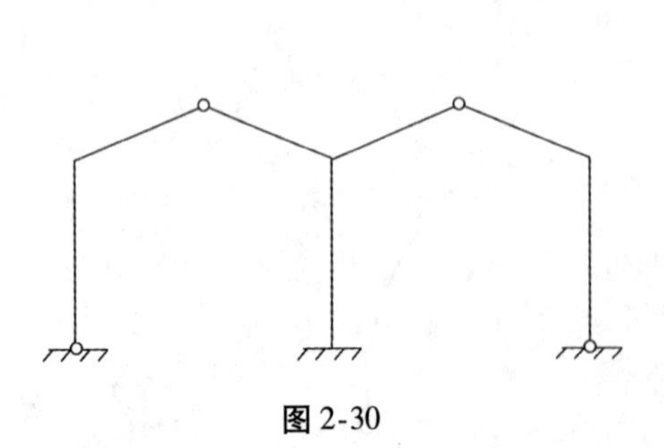

图 2-30

图 2-31

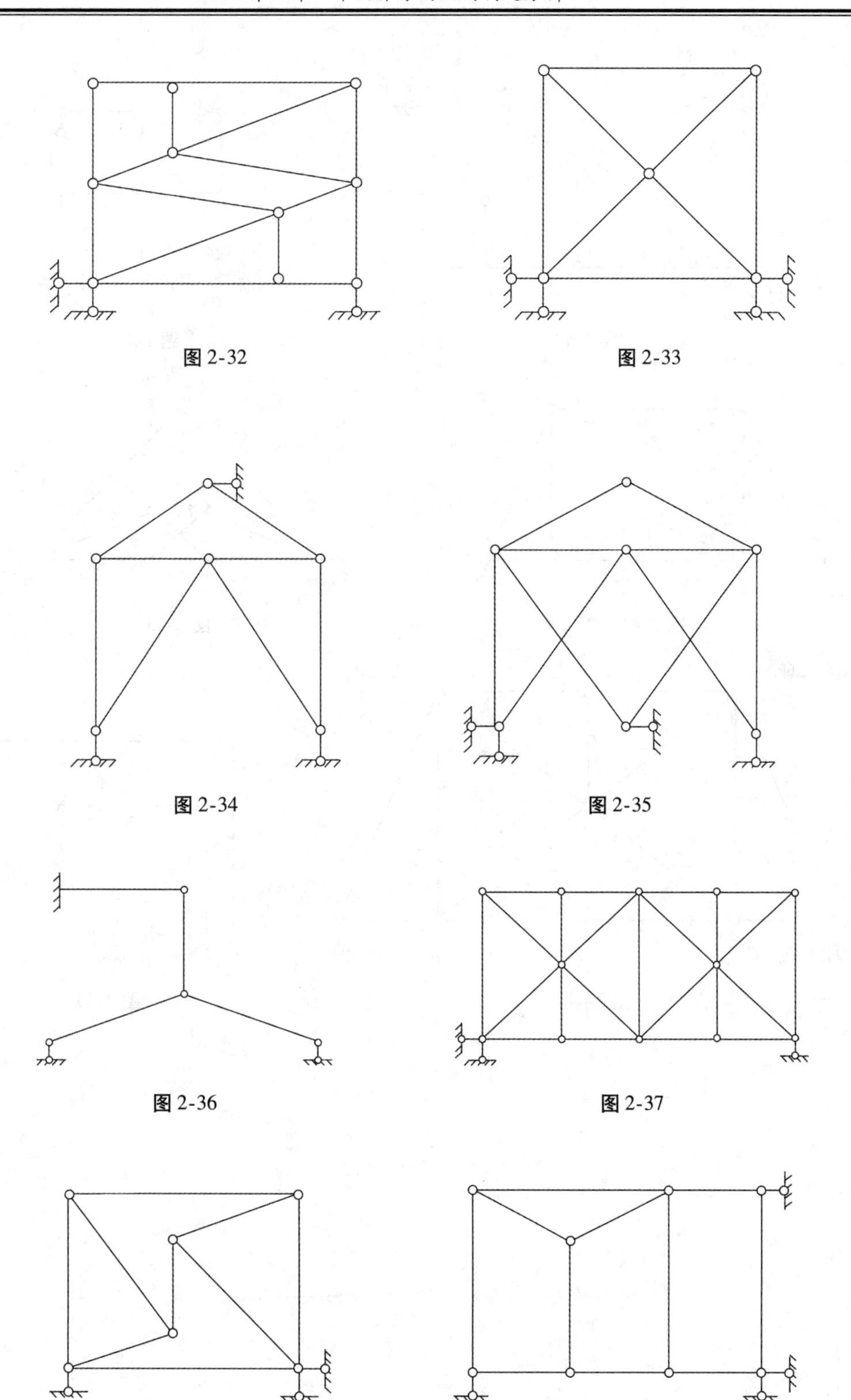

图2-32

图2-33

图2-34

图2-35

图2-36

图2-37

图2-38

图2-39

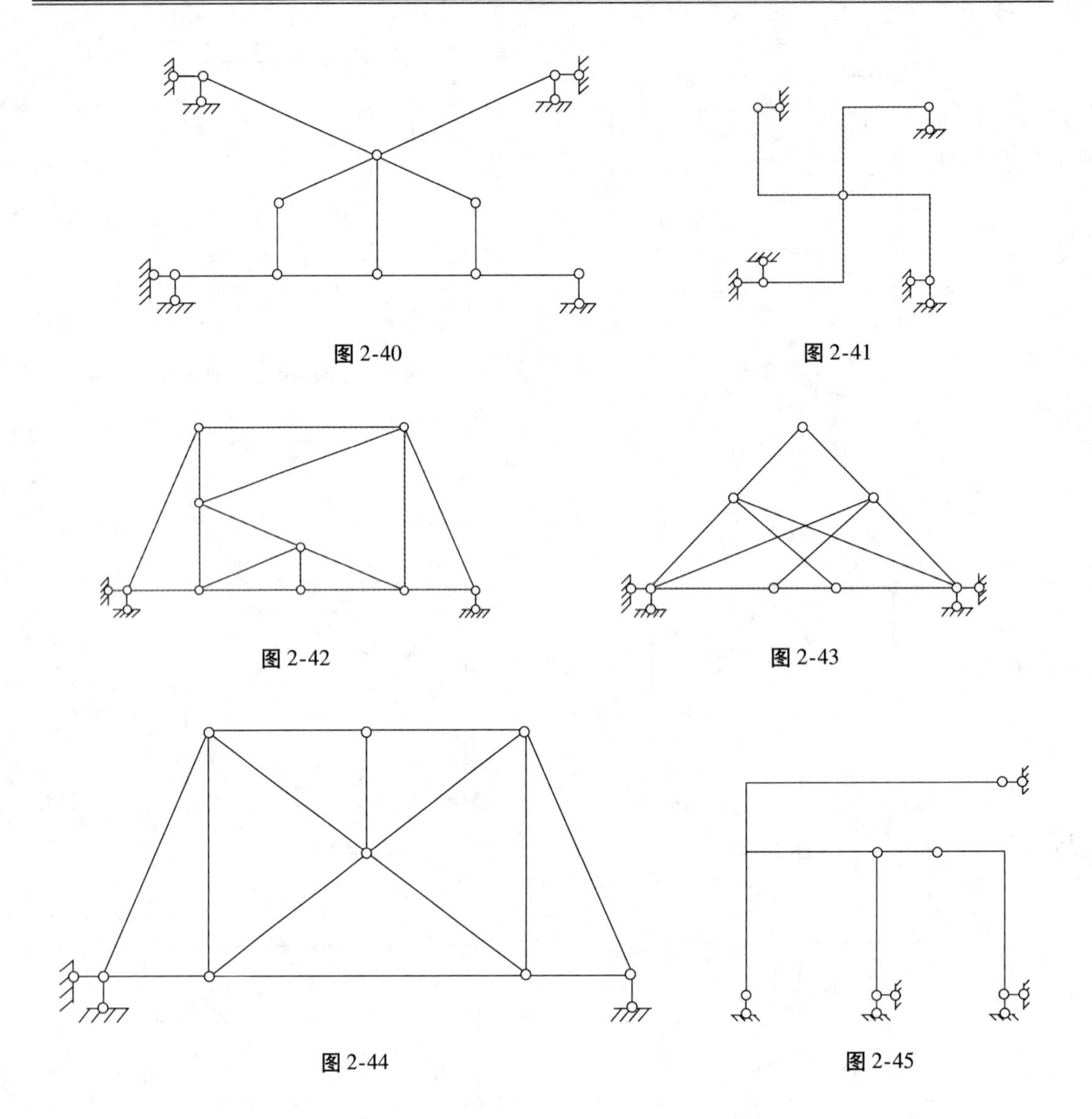

图 2-40

图 2-41

图 2-42

图 2-43

图 2-44

图 2-45

第 3 章　静定结构的内力计算

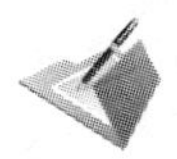

主要内容

静定梁的内力计算、静定平面刚架的内力计算、桁架的轴力计算。

学习重点

静定多跨梁的弯矩计算、静定平面刚架的弯矩计算、桁架的轴力计算。

学习要求

了解静定梁、静定平面刚架的剪力计算；掌握静定梁的弯矩计算、静定平面刚架的弯矩计算、桁架的轴力计算；重点掌握多跨静定梁的弯矩计算、静定平面刚架的弯矩计算、桁架的轴力计算。

3.1　静定单跨梁

3.1.1　静定单跨梁的内力计算的回顾

静定单跨梁在工程中应用很广，是组成其他各种结构的基本构件之一，其受力分析是各种结构受力分析的基础。尽管在材料力学（或工程力学）课程中已学习过静定梁的计算，在这里仍有必要对这部分内容加以简略回顾，以利于更好地学习。

1. 静定单跨梁的形式

常见的静定单跨梁有简支梁、伸臂梁和悬臂梁三种，如图 3-1 所示。

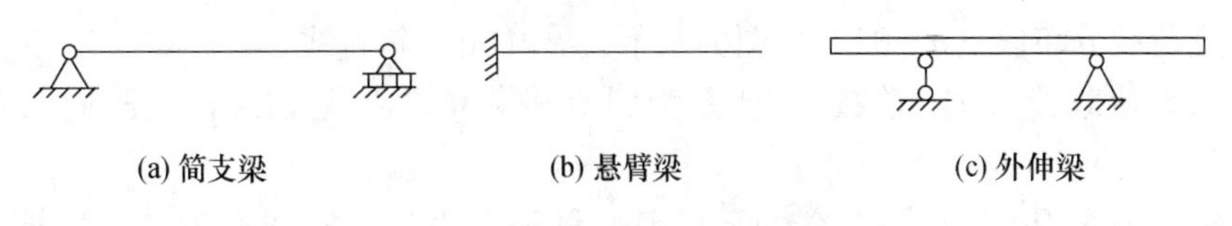

图 3-1　静定单跨梁的形式

2. 梁截面内力与符号规定

在平面杆件的任意截面上，一般有 3 个内力分量：轴力 N，剪力 Q 和弯矩 M。

- 轴力以受拉为正，受压为负
- 剪力以绕隔离体顺时针方向转为正，反之为负

● 弯矩不规定正负号，弯矩图画在受拉一侧

3. 截面法求任意指定截面的内力

求任意指定截面的内力的基本方法是截面法，即将指定截面切开，取任意一部分作为隔离体，利用隔离体的平衡条件，求出此截面的3个内力分量。计算方法如下：

轴力 N = 截面一侧的所有外力沿截面法线方向的投影代数和；

剪力 Q = 截面一侧的所有外力沿截面方向的投影代数和；

弯矩 M = 截面一侧的所有外力对截面形心的力矩代数和。

对于直梁，当所有外力均垂直于梁轴线时，截面上将只有剪力和弯矩，没有轴力。

【例3-1】作图3-2（a）所示简支梁内力图。

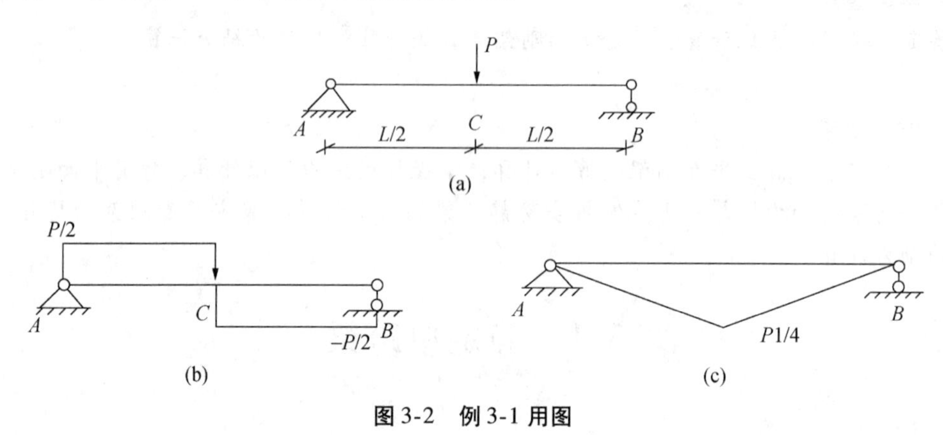

图3-2 例3-1用图

解：(1) 求支反力：$V_A = V_B = P/2$（↑）

(2) 用截面法求各截面的内力值

$Q_{A右} = Q_{C左} = V_A = P/2$

$Q_{C右} = Q_{B左} = -P/2$

$M_A = 0 \quad M_B = 0 \quad M_C = PL/4$

(3) 作内力图（剪力图见图3-2（b）；弯矩图见图3-2（c））。

结论：

(1) 无荷载分布段（$q=0$），Q 图为水平线，M 图为斜直线。

(2) 均布荷载段（q = 常数），Q 图为斜直线，M 图为抛物线，且凸向与荷载指向相同。

(3) 集中力作用处，Q 图有突变，且突变量等于力值；M 图有尖点，且指向与荷载相同。

(4) 集中力偶作用处，M 图有突变，且突变量等于力偶值；Q 图无变化。

4. 叠加法绘弯矩图

叠加原理是指结构中一组荷载作用所产生的效果等于每一荷载单独作用所产生的效果的总和。

【例 3-2】求图 3-3 所示简支梁的弯矩图。

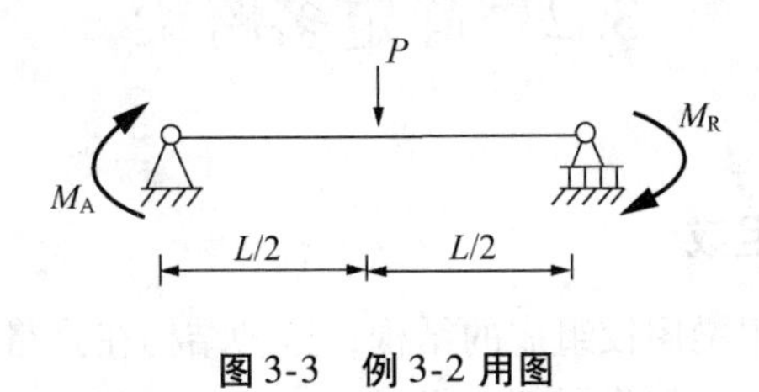

图 3-3　例 3-2 用图

解：M_A 单独作用：

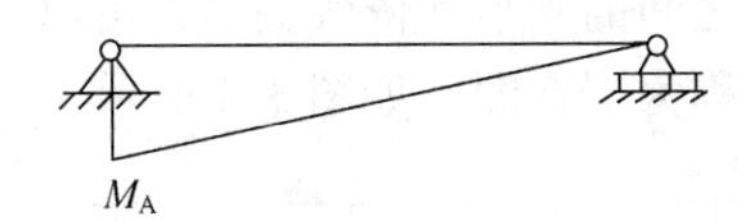

M_B 单独作用：

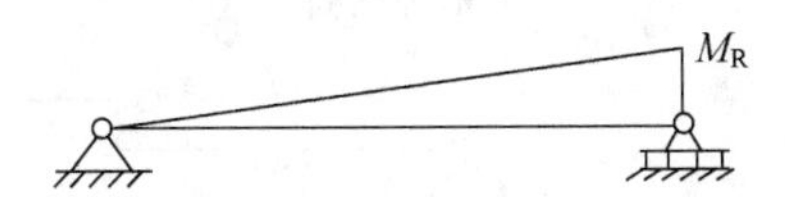

P 单独作用：

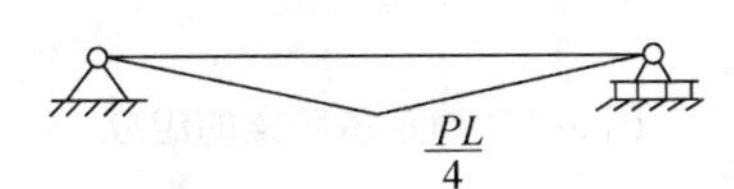

叠加：

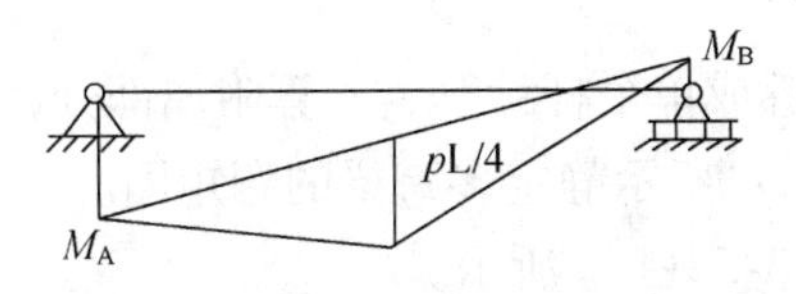

注意：是竖标相加，不是图形的简单拼合。

叠加法作弯矩图的步骤：

（1）以外力不连续点（集中力、力偶作用点、分布荷载起始点）将整个梁分成若干段，求出各段端点处弯矩，并以虚线相连；

（2）当某段中无荷载时，将虚线改为实线；

（3）当某段中有荷载时，以虚线为基线，叠加上相同荷载作用下简支梁弯矩图；

（4）最后得到的图形既为实际结构弯矩图。

3.2 静定多跨梁

3.2.1 静定多跨梁的组成

静定多跨梁是由若干根梁用铰组成的结构，这种结构在公路桥梁中较多采用。

静定多跨梁是由基本部分和附属部分组成。直接与基础组成几何不变体系的部分称为基本部分；通过基本部分与基础组成几何不变体系的部分称为附属部分。

为了清楚地反映出各部分之间的支承和依赖关系，可以把基本部分画在下层，而把附属部分画在上层，所形成的图称为层叠图。如图 3-4 所示。

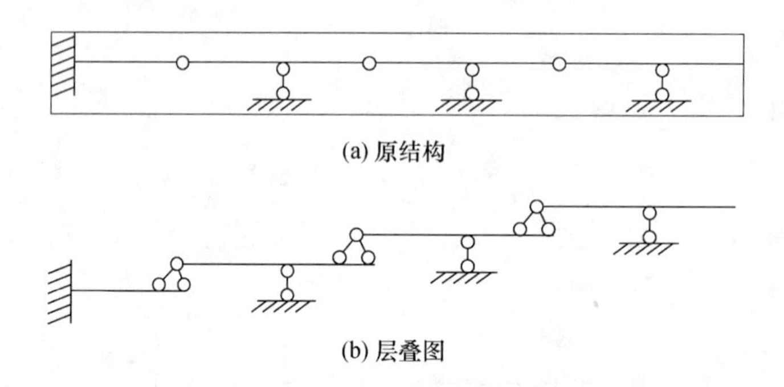

图 3-4 静定多跨梁的组成

3.2.2 静定多跨梁的计算

计算静定多跨梁时，应拆成单个杆计算，先算附属部分，后算基本部分。

【例 3-3】计算图 3-5（a）所示静定多跨梁的弯矩图。

解：(1) 做层叠图如图 3-5（b）所示。

(2) 计算约束力和支反力：

附属部分：$V_C = 40$ kN（↓）

基本部分：$V_C = 40$ kN（↑）

(3) 作弯矩图如图 3-5（c）所示。

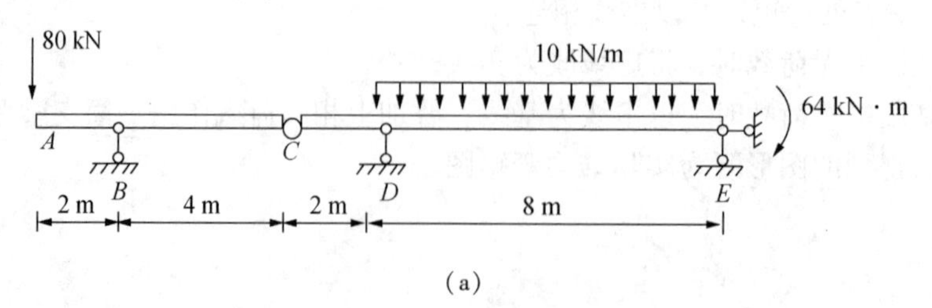

图 3-5 例 3-3 用图

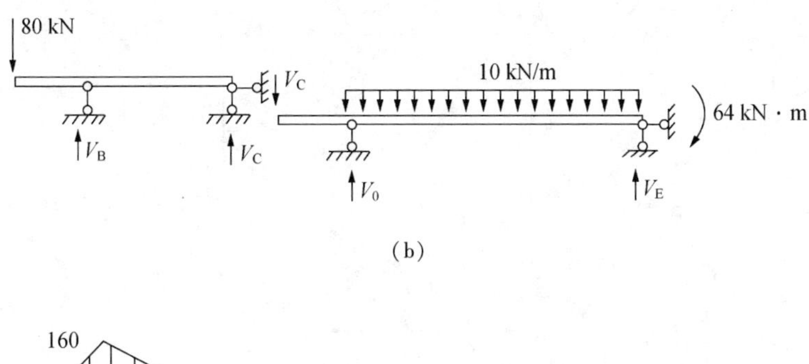

(b)

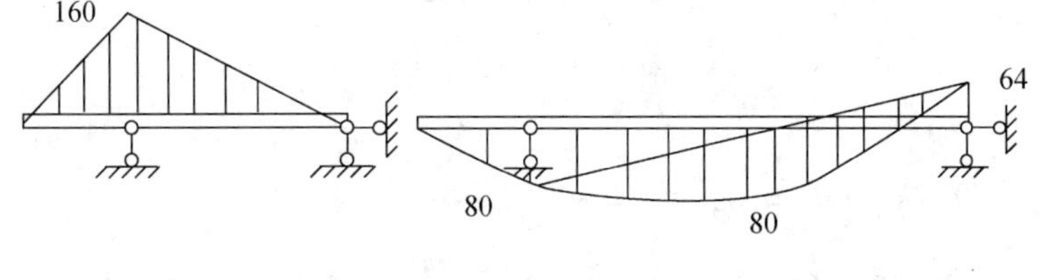

(c)

图 3-5　例 3-3 用图（续）

3.3　静定平面刚架

3.3.1　刚架的分类和特点

刚架是具有刚结点的由直杆组成的结构。其特点如下：

(1) 变形特点：刚结点所连杆件不发生相对转动

(2) 受力特点：能承受和传递弯矩，使之受力合理

(3) 使用特点：宽敞、便于施工、整体性能好。

在工程中静定平面刚架常见的形式有悬臂刚架、简支刚架、三铰刚架等。

3.3.2　静定平面刚架的内力计算

刚架弯矩图绘制要点为：① 求支座反力，②将刚架拆成单个杆，求出杆两端的弯矩。

1. 求支座反力

(1) 单体刚架的支座反力（约束力）计算

切断两个刚片之间的约束，取一个刚片为隔离体，假定约束力的方向，由隔离体的平衡建立三个平衡方程。

【**例 3-4**】求图 3-6 所示刚架的支座反力。

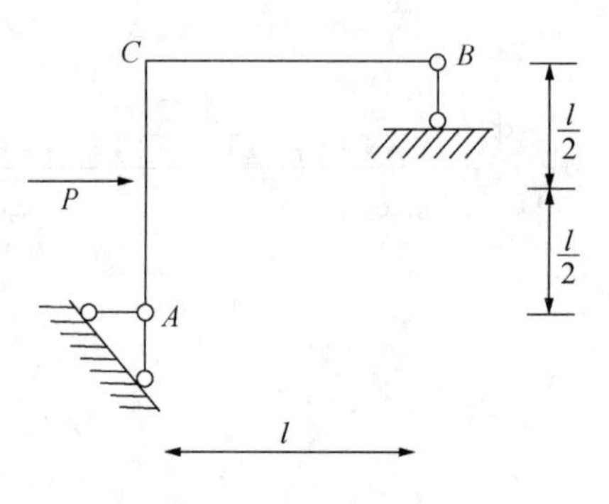

图 3-6　例 3-4 用图

解：$\sum F_x = 0$，$X_A + P = 0$，$X_A = -P$（←）

$\sum M_A = 0$，$P \times \frac{l}{2} - Y_B \times l = 0$，$Y_B = \frac{P}{2}$（↑）

$\sum F_y = 0$，$Y_A + Y_B = 0$，$Y_A = -Y_B = -\frac{P}{2}$（↓）

【例 3-5】求图 3-7 所示刚架的支座反力。

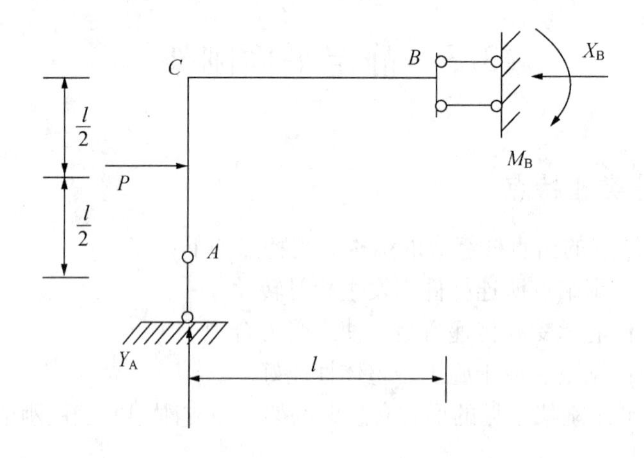

图 3-7　例 3-5 用图

解：$\sum F_x = 0$，$X_B = P$（←）

$\sum F_y = 0$，$Y_A = 0$

$\sum M_B = 0$，$M_B = pl/2$（顺时针转）

（2）三铰刚架（三铰结构）的支座反力（约束力）计算

取两次隔离体，每个隔离体包含一或两个刚片，建立六个平衡方程求解——双截面法。

【例 3-6】求图 3-8 所示刚架的支座反力。

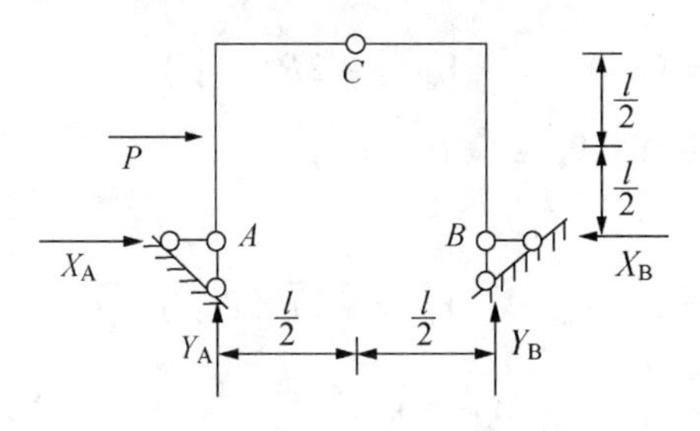

图 3-8　例 3-6 用图

解：(1) 取整体为隔离体

$\sum M_A = 0$，$P \times \frac{l}{2} - Y_B \times l = 0$，$Y_B = \frac{P}{2}$ (↑)

$\sum F_y = 0$，$Y_A + Y_B = 0$，$Y_A = -Y_B = -\frac{P}{2}$ (↓)

$\sum F_x = 0$，$X_A + P - X_B = 0$

(2) 取右部分为隔离体

$\sum M_C = 0$，$X_B \times l - Y_B \times \frac{l}{2} = 0$，$X_B = \frac{P}{4}$ (↑)

$\sum F_y = 0$，$Y_C + Y_B = 0$，$Y_C = -Y_B = -\frac{P}{2}$ (↓)

$\sum F_x = 0$，$X_B + X_C = 0$，$X_C = -\frac{P}{4}$ (↓)

【**例 3-7**】求图 3-9 所示刚架的支座反力。

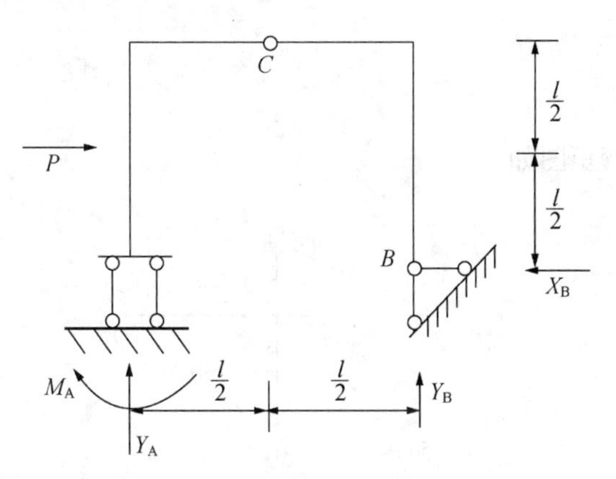

图 3-9　例 3-7 用图

解：(1) 取整体为隔离体

$\sum F_x = 0$，$X_B = P$ (←)

(2) 取右部分为隔离体

$\sum M_C = 0$，$X_B \times l - Y_B \times \frac{l}{2} = 0$，$Y_B = 2P$ (↑)

$\sum F_y = 0$，$Y_C + Y_B = 0$，$Y_C = -Y_B = -2P$ （↓）

$\sum F_x = 0$，$X_B + X_C = 0$，$X_C = -P$ （→）

（3）取整体为隔离体

$\sum F_y = 0$，$Y_A + Y_B = 0$，$Y_A = -Y_B = -2P$ （↓）

$\sum M_A = 0$，$M_A + P \times \frac{l}{2} - Y_B \times l = 0$，

$M_A = \frac{3}{2}Pl$ （顺时针转）

2. 将刚架拆成单个杆，求杆两端的弯矩

【例 3-8】求图 3-10 所示刚架的弯矩图。

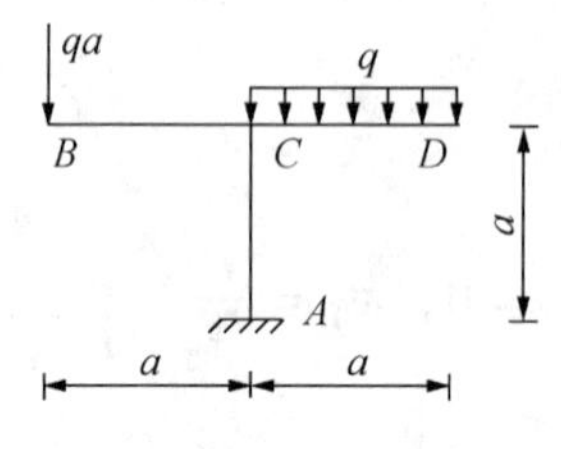

图 3-10　例 3-8 用图

解：（1）由整体平衡方程求支座反力

$H_A = 0$

$V_A = 2qL$

$M_A = \frac{1}{2}qL^2$

（2）用截面法绘弯矩图如下：

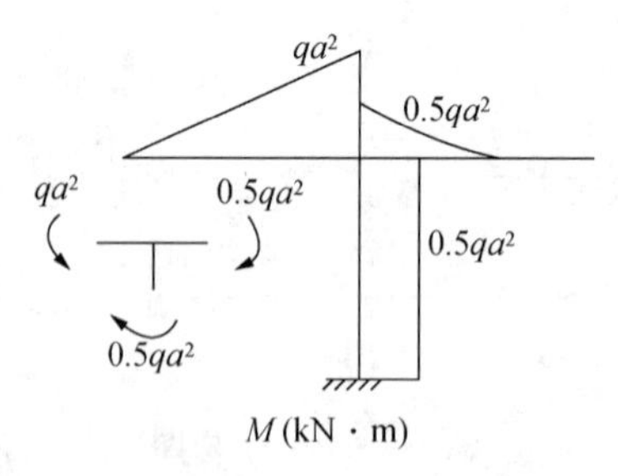

【例 3-9】求图 3-11（a）所示刚架的弯矩图。

解：（1）由整体平衡方程求支座反力

$\sum M_A = 0$　$V_B = 60$（kN）　$\sum y = 0$　$V_A = -60$（kN）

$\sum M_E = 0$　$3V_B - 6H_{B=0}$　$H_B = 30$（kN）　$\sum x = 0$　$H_A = 90$（kN）

（2）用叠加法绘弯矩图如图3-11（b）所示。

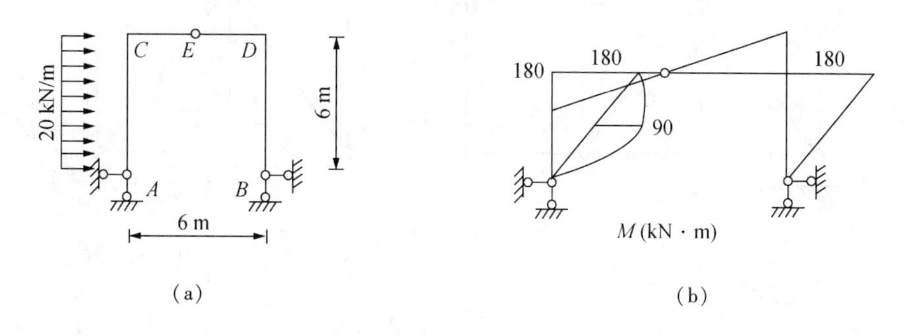

图3-11 例3-9用图

3.4 静定平面桁架

3.4.1 桁架的基本假设

桁架在土木工工程中应用很广。特别是在大跨度结构中，桁架更是一种很重要的结构形式。桁架与刚架的主要区别在于前者是以承受轴力为主的构件，后者同时承受弯矩、剪力和轴力。在实际的工作中，为简化计算，通常对桁架作如下假设：

（1）各杆端用光滑的理想铰相连接；

（2）各杆轴线绝对平直，且在同一平面并通过铰；

（3）荷载和支反力都作用在结点上，且位于桁架平面内。

3.4.2 平面桁架的分类

1. 按外形分类

按外形不同平面桁架分为：平行弦桁架、三角形桁架、抛物线桁架、梯形桁架。

2. 按受力特点分类

接受力特点不同平面桁架分为：无推力的梁式桁架和有推力的拱式桁架。

3. 按几何组成分类

按几何组成不同可分为：简单桁架、联合桁架、复杂桁架。

（1）简单桁架——可以在基础或一个铰结三角形上依次加二元体构成的桁架（如图3-12（a））。

（2）联合桁架——由几片简单桁架按照几何组成规则组成的桁架（如图3-12（b））。

（3）复杂桁架——不属于前二类的桁架（如图3-12（c））。

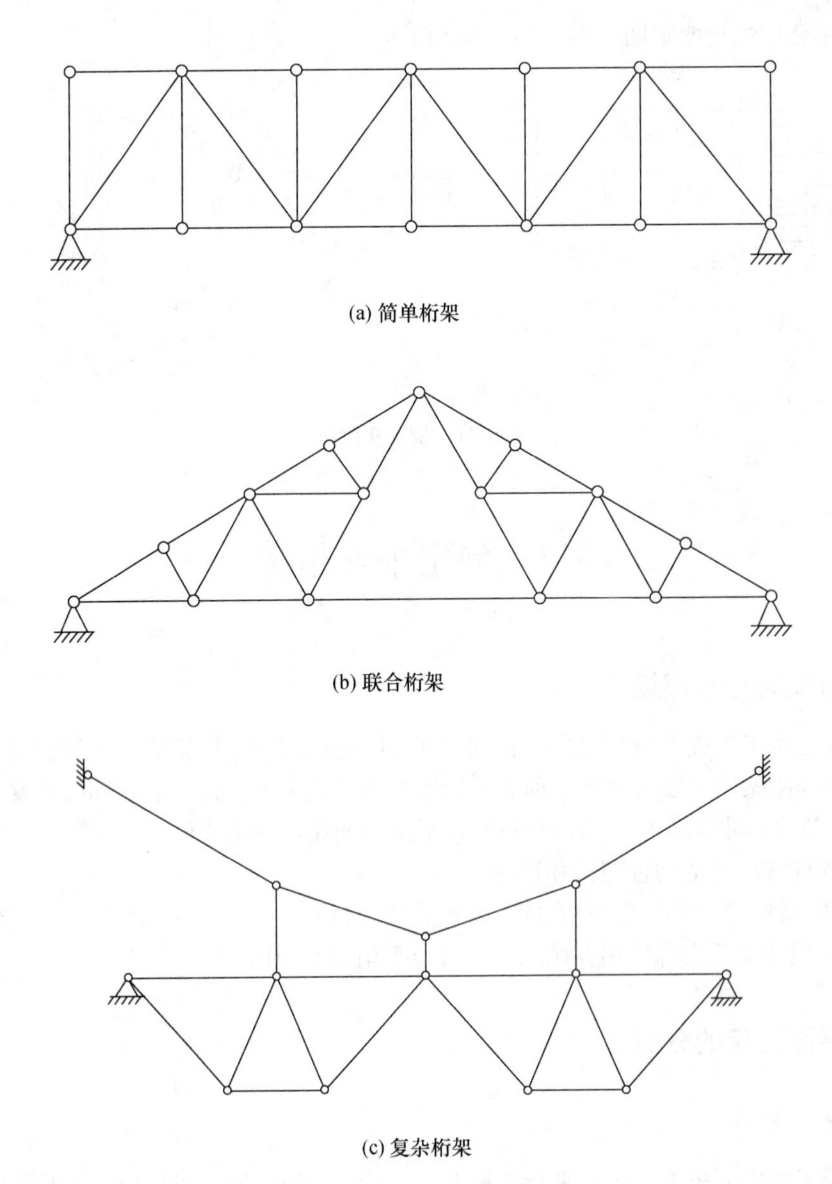

(a) 简单桁架

(b) 联合桁架

(c) 复杂桁架

图 3-12 按几何组成分类

3.4.3 平面桁架的内力计算

1. 结点法

为了求得桁架中各杆的轴力，我们可以截取桁架中的一个结点作为研究对象，利用平衡关系计算求出杆件的轴力。

对于简单桁架，由于其几何组成是通过增加二元体来形成的，则适合用结点法求解，求解顺序与几何组成的方向相反。

由于一个结点上的力都通过结点，属于平面汇交力系，故只有两个平衡方程可用，因此原则上一个结点上的未知力不能多于 2 个。

【例 3-10】求图 3-13（a）所示桁架的轴力。

解：（1）求反力：$V_A = V_B = 30$（kN）

（2）按 $A \to C \to E \to D \to B$ 顺序求解

A 结点：$\sum y = 0 \quad N_{AC} \times \frac{3}{5} + 30 = 0 \quad N_{AC} = -50$（kN）

$\sum x = 0 \quad N_{AC} \times \frac{4}{5} + N_{AE} = 0 \quad N_{AE} = 40$（kN）

C 结点：$\sum y = 0 \quad 50 \times \frac{3}{5} - 30 - N_{CE} \times \frac{3}{5} = 0 \quad N_{CE} = 0$

$\sum x = 0 \quad 50 \times \frac{4}{5} + N_{CD} = 0 \quad N_{CD} = -40$（kN）

同理可求出 $N_{DB} = -50$（kN）　$N_{BE} = 40$（kN）　$N_{DE} = 0$

（3）绘轴力图如图 3-13（b）所示。

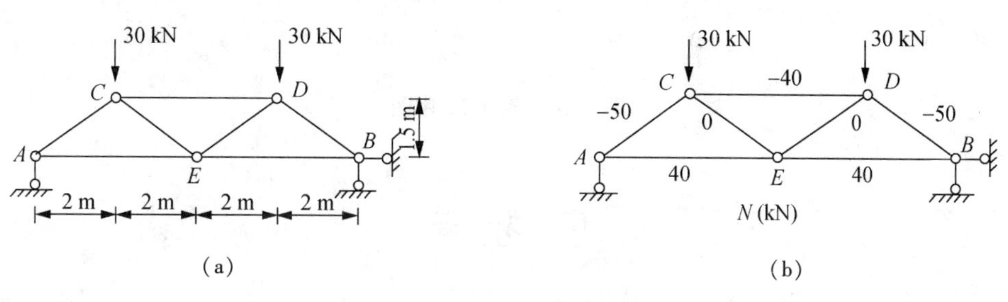

图 3-13　例 3-10 用图

2. 截面法

截面法是作截面截取桁架的一部分作为隔离体（隔离体上含一个以上结点），作用在隔离体上的各力形成平面一般力系，因此可建立 3 个平衡方程。若隔离体上的未知力不超过 3 个时，可直接将截面上的全部未知力求出。

截面法适合求解联合桁架或指定杆轴力。

【例 3-11】求图 3-14（a）所示桁架 1、2 杆的轴力。

解：（1）求出支反力，如图 3-14（b）所示标注。

（2）求轴力 N_1。

作截面 1-1，如图 3-14（b）所示：

取左边为隔离体，如图 3-14（c）所示：

对 A 点取矩：$\sum M_A = 0 \quad N_1 \times 2 - 2 \times 2 + 0.5 \times 2 = 0 \quad N_1 = 1.5$

（3）求轴力 N_2。

作截面 2-2，如图 3-14（b）所示。

取左边为隔离体，如图（c）所示：

整体：$\sum y = 0 \quad N_2 = -1.5$

所以 $N_1 = 1.5 \quad N_2 = -1.5$

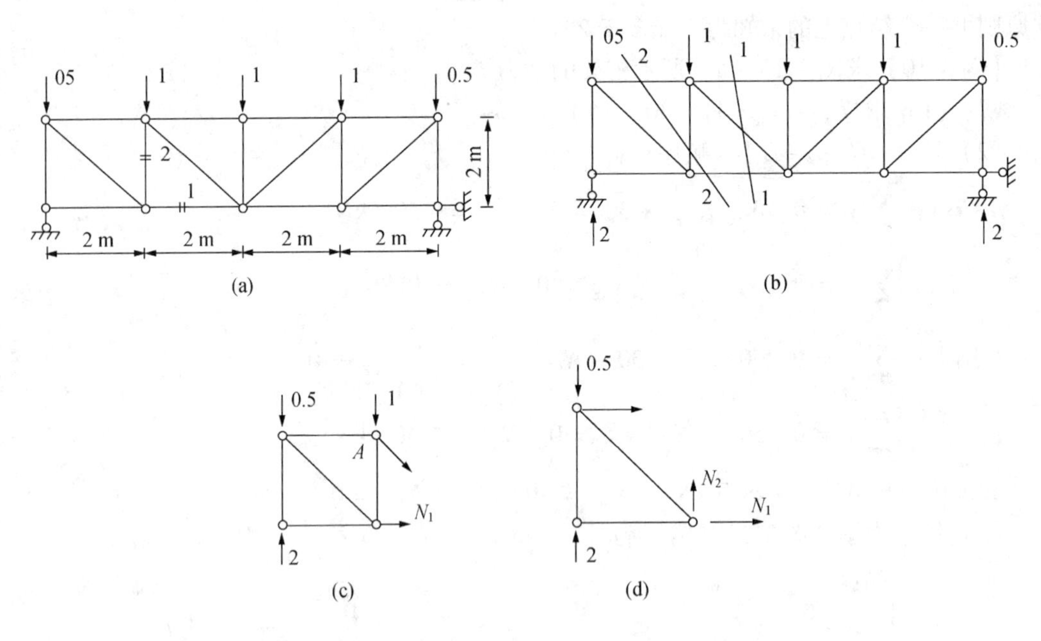

图 3-14 例 3-11 用图

思考题

1. 结构力学和工程力学中关于内力符号的规定有什么不同？
2. 静定多跨梁是由基本部分和附属部分组成。什么是基本部分？什么是附属部分？
3. 刚架的特点有哪些？
4. 理想桁架的基本假设有哪些？

习　　题

1. 零杆即为内力为零的杆件，试判断图 3-15 所示桁架的类型，并指出零杆。

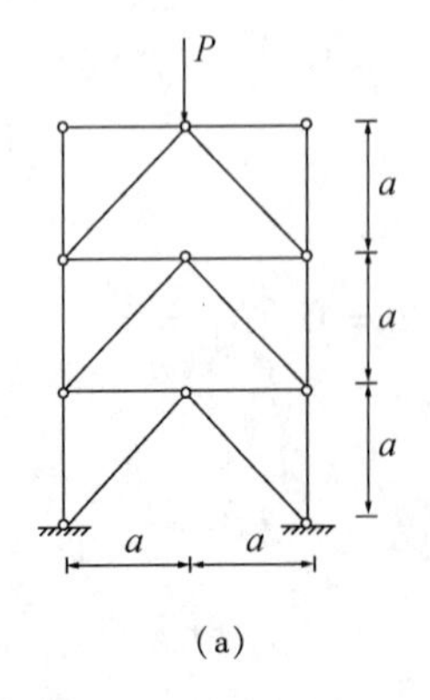

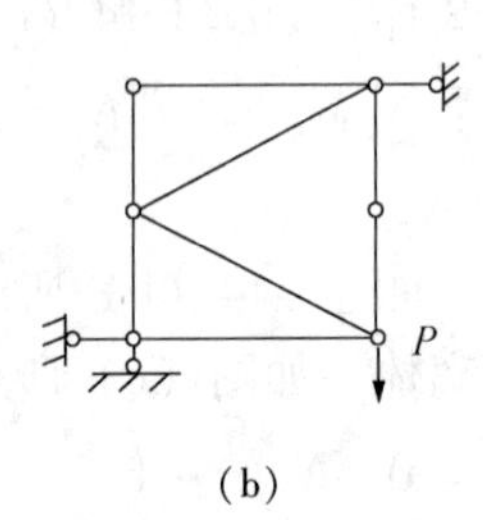

图 3-15

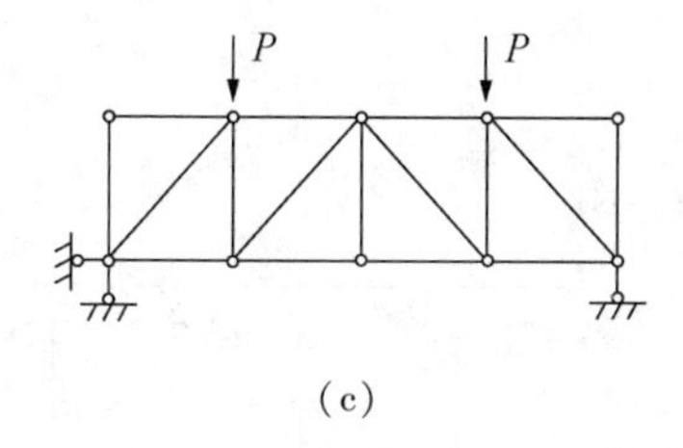

(c)

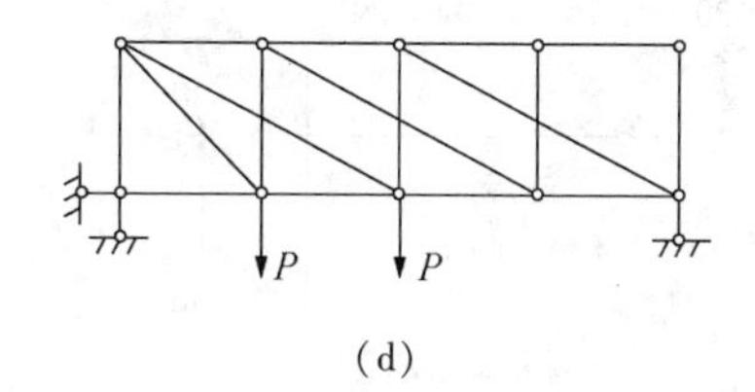

(d)

图 3-15（续）

2. 试作图 3-16 所示静定梁的内力图。

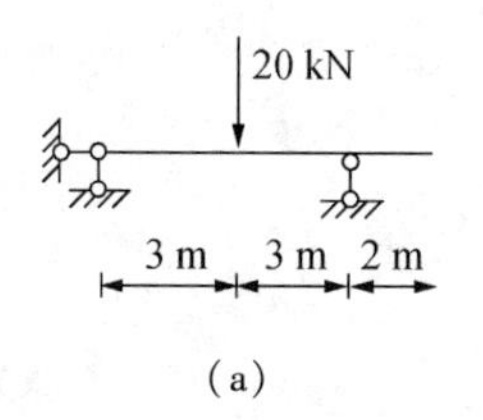

(a)

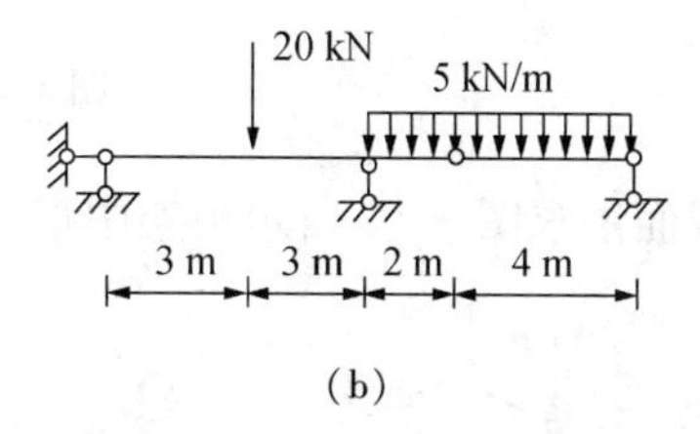

(b)

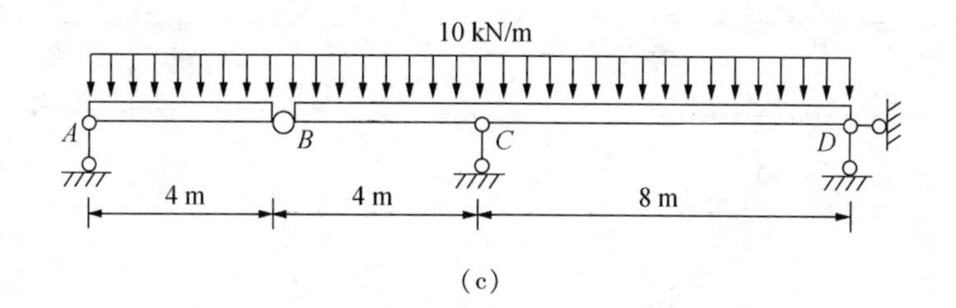

(c)

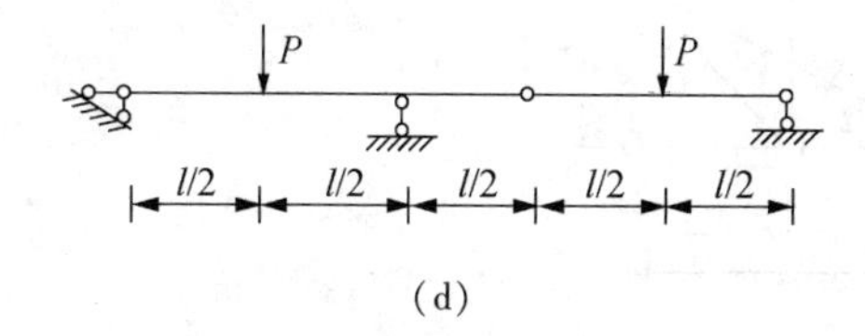

(d)

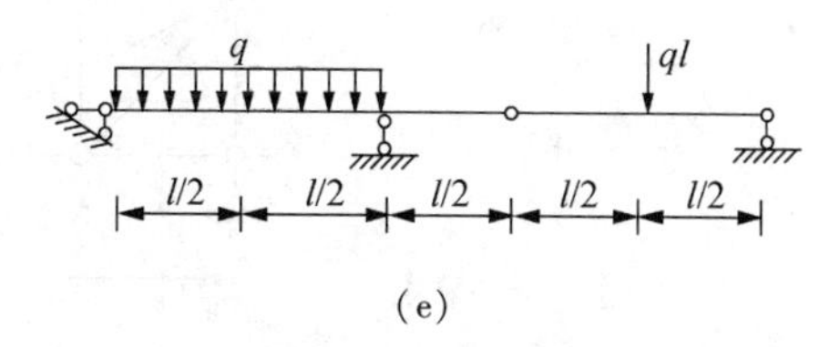

(e)

图 3-16

3. 试作图 3-17 所示静定刚架的内力图。

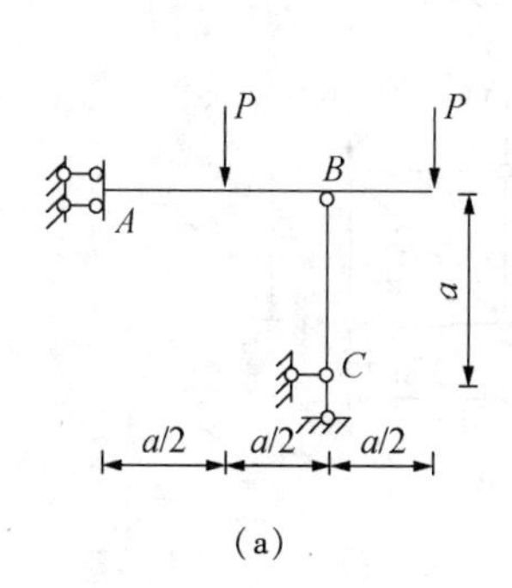

(a)

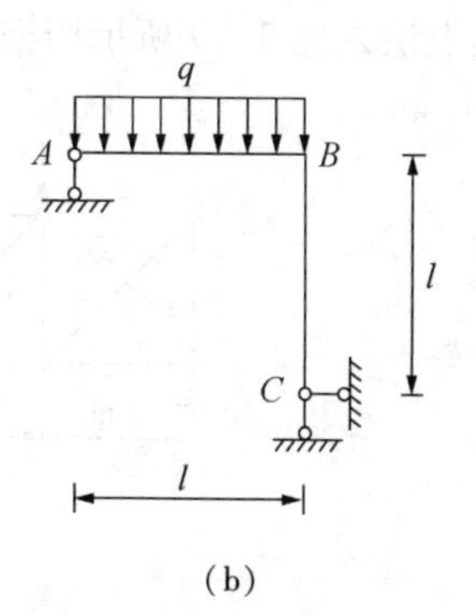

(b)

图 3-17

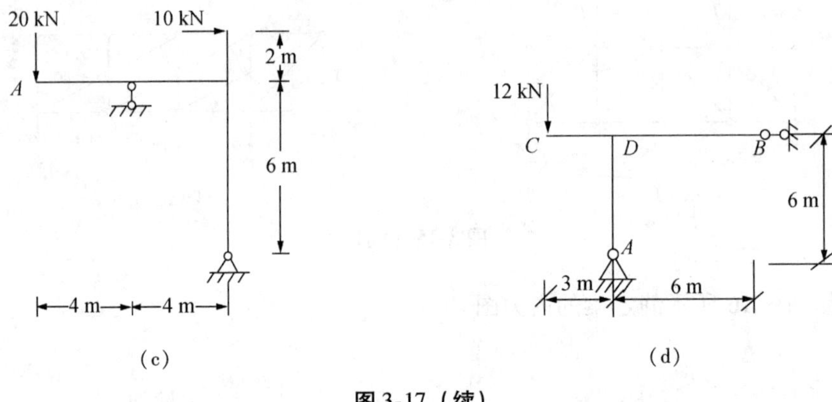

图 3-17（续）

4. 试用截面法求图 3-18 所示桁架中指定杆的轴力 P。

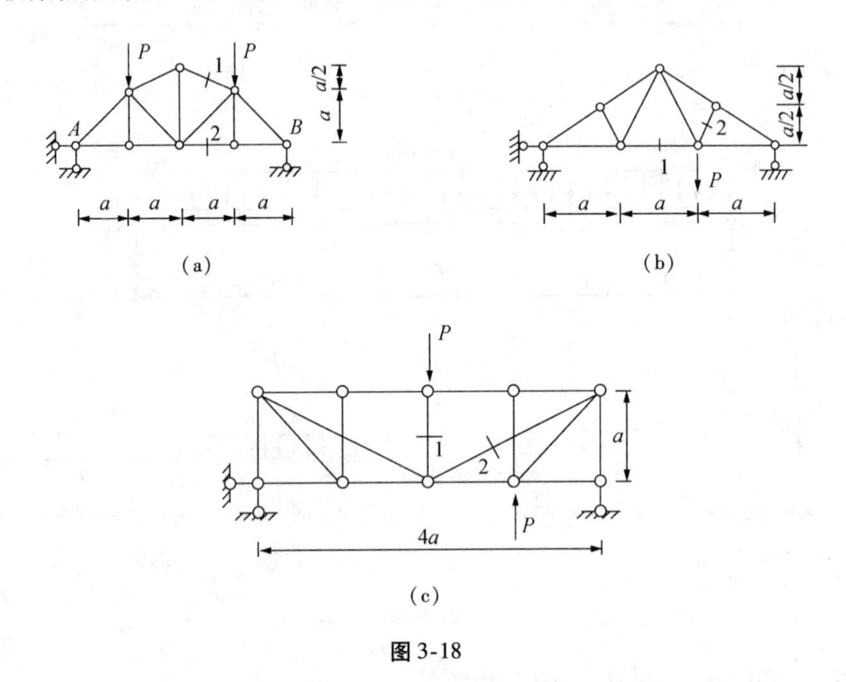

图 3-18

5. 试用结点法求图 3-19 所示桁架的各杆件的轴力。

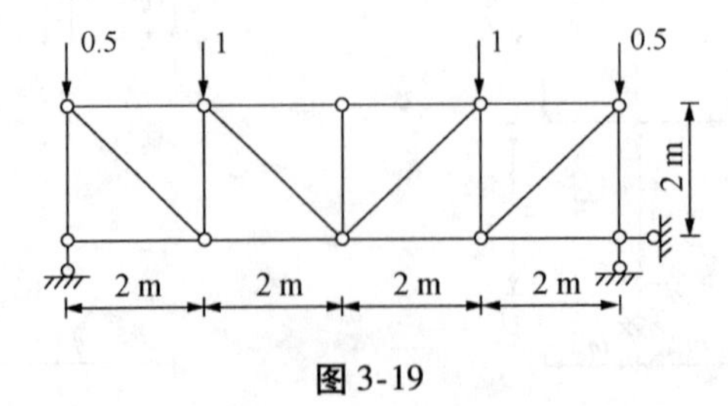

图 3-19

第4章　静定结构的位移计算

主要内容

变形体虚功原理、静定结构在荷载作用下的位移计算公式、图乘法计算静定结构的位移。

学习重点

图乘法计算静定结构的位移。

学习要求

了解虚功原理；掌握静定结构在荷载作用下的位移计算公式；重点掌握图乘法计算静定结构的位移。

4.1　概　　述

4.1.1　结构的位移

结构上各点位置产生的变化称为位移。一般，将线位移，角位移，相对线位移、相对角位移等统称广义位移。

在工程设计和施工过程中，除了满足强度要求外，还必须保证有足够的刚度，即不能产生过大的变形。此外，要解超静定结构，不仅要分析结构的内力，还要分析结构的位移。可见位移计算在实际中是具有重要意义的。

4.1.2　变形体虚功原理

结构位移计算的理论基础是虚功原理，虚功原理的核心是虚功。

功包含了两个要素：力和位移。功等于广义力乘以广义位移。根据力和位移之间的关系功具体分为实功和虚功。

广义力在自身所产生的位移上所做的功为实功（如图4-1），$W_{实}=P\Delta$。

当广义力与广义位移无关时所做的功为虚功（如图4-1），$W_{虚}=P\Delta t$。

对于杆件结构，变形体的虚功原理课叙述为：变形体系在力的作用下，外力（包括支座反力）所做的虚功与内力所做的虚功的总和等于零。

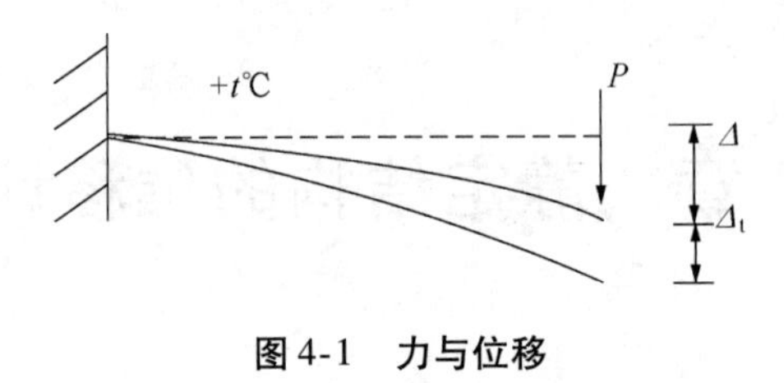

图 4-1 力与位移

4.2 静定结构在荷载作用下的位移计算

4.2.1 位移计算的一般表达式

设变形体在力系作用下处于平衡状态，又设变形体由于其他原因产生符合约束条件的微小连续变形，则外力在位移上所做虚功之和恒等于各个微段的应力合力（内力）所做虚功之和。

$$W_e = W_i$$

外力虚功之和：$\omega_e = P_K \times \Delta_K + \sum R_K \times \Delta_R$

内力虚功之和：$\omega_i = \sum \int (N_K \times d\lambda + Q_K \times d\eta + M_K \times d\theta)$

$$= \sum \int (N_K \times \varepsilon + Q_K \times \gamma + M_K \times \kappa) ds$$

$$P_K \times \Delta_K = \sum \int (N_K \times \varepsilon + Q_K \times \gamma + M_K \times \kappa) ds - \sum R_K \times \Delta_R$$

令：$P_K = 1$

$$\Delta_K = \sum \int (\overline{N}_K \times \varepsilon + \overline{Q}_K \times \gamma + \overline{M}_K \times \kappa) ds - \sum \overline{R}_K \times \Delta_R$$

在荷载作用下 $\Delta_R = 0$

对于线弹性材料 $\sigma = E\varepsilon$

$$\varepsilon_P = \frac{N_P}{EA} \qquad \gamma_P = \frac{kQ_P}{GA} \qquad \kappa_P = \frac{M_P}{EI}$$

式中：E、G——材料杨氏弹性模量与剪切弹性模量；

A、I——截面面积与惯性矩。

得出位移计算的一般表达式：

$$\Delta_K = \sum \int \left(\frac{N_P \overline{N}_K}{EA} + \frac{kQ_P \overline{Q}_K}{GA} + \frac{M_P \overline{M}_K}{EI} \right) ds$$

式中正负号规定：内力方向一致者，积分结果取正号，反之取负号。结果为正说明实际位移方向与假设方向一致，反之相反。

4.2.2 位移计算的简化公式

位移计算的一般表达式中右边三项，分别代表结构的弯曲变形、剪切变形和轴向变形对所求位移的影响。但是各种不同的结构类型，受力特点不同，这三种影响所占比重不同。根据以上特点，保留主要影响，忽略次要影响，可得到不同结构的位移简化公式。

1. 梁和刚架

在梁和刚架中，位移主要是由弯矩引起的，轴力和剪力的影响很小，可以忽略，所以可以简化为

$$\Delta_K = \sum \int \frac{M_P \overline{M}_K}{EI} ds$$

2. 桁架

在桁架中，只有轴力，位移是由轴力引起的，所以可以简化为

$$\Delta_K = \sum \int \frac{N_P \overline{N}_K}{EA} ds = \sum \frac{N_P \overline{N}_K}{EA} l$$

4.2.3 位移计算的一般步骤

位移计算的一般步骤包括：(1) 沿所求位移方向施加单位（广义）荷载，求线位移即施加单位线荷载，求角位移即施加单位力偶；(2) 由平衡条件求内力和反力；(3) 根据不同的外界作用分析应变；(4) 由公式计算。

【例 4-1】 已知 EI、GA 为常数，求图 4-2 中 C 点竖向位移。

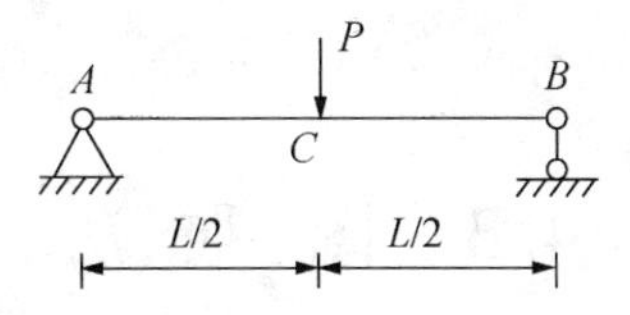

图 4-2 例 4-1 用图

解：(1) 沿 C 点向下施加单位集中力 $P=1$（↓）

(2) 由平衡条件求内力和反力

$$M_P = \begin{cases} \frac{P}{2}x & (AC) \\ \frac{P}{2}x - P\left(x - \frac{L}{2}\right) & (CB) \end{cases}$$

(3) 根据不同的外界作用分析应变，代入公式计算

$$\Delta_C = \sum \int \frac{M_P \overline{M}_K}{EI} ds = \frac{2}{EI}\int_0^{\frac{L}{2}} \frac{PX}{2} \frac{x}{2} ds = \frac{PL^3}{48EI}$$

所以 C 点竖向位移为 $\frac{PL^3}{48EI}$（↓）

【例 4-2】 已知各杆 EA 为常数，求图 4-3（a）中 B 点竖向位移。

解：(1) 沿 B 点向下施加单位集中力 $P=1$ (↓)

(2) 由平衡条件求内力和反力（图 4-3 (b)，图 4-3 (c)）

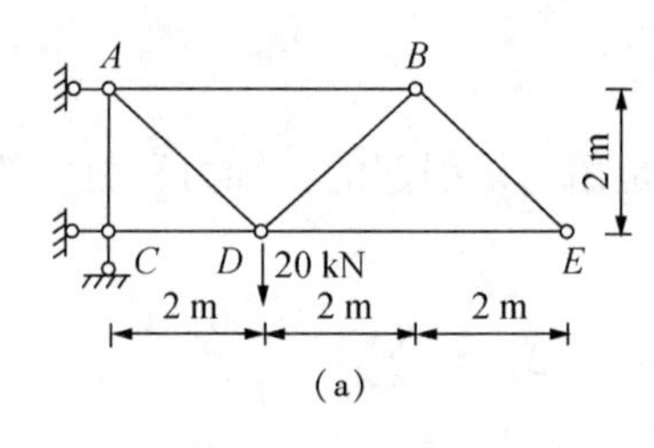

(a)

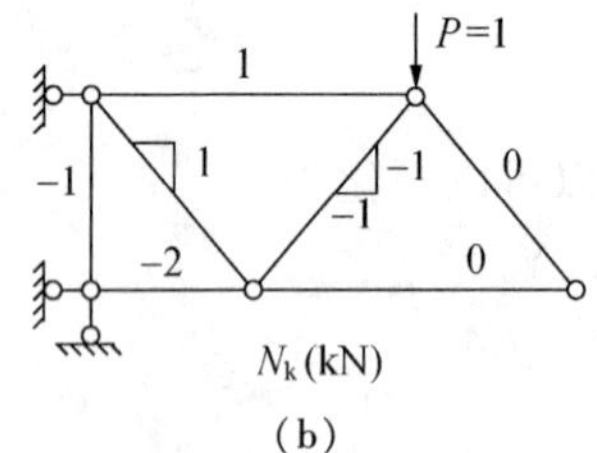

(b)

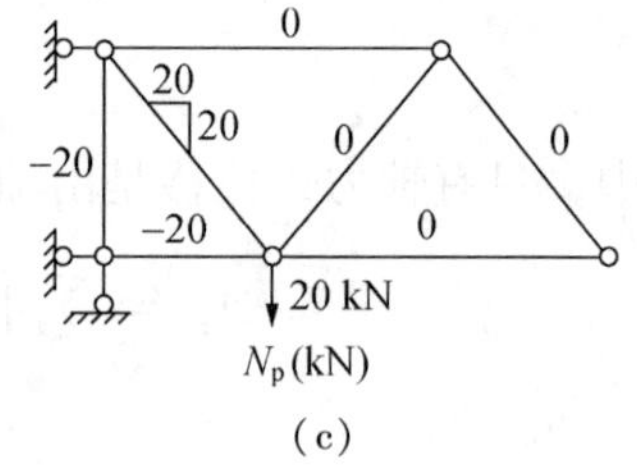

(c)

图 4-3 例 4-2 用图

(3) 根据不同的外界作用分析应变，代入公式计算

$$\Delta_B = \sum\int\frac{N_P\overline{N_K}}{EA}ds = \sum\frac{N_P\overline{N_K}L}{EA}$$

$$=\frac{1}{EA}(20\times2+20\times2\times2+20\sqrt{2}\times\sqrt{2}\times2\sqrt{2}) = \frac{1}{EA}(120+80\sqrt{2})\ (\downarrow)$$

所以 C 点竖向位移为 $\frac{1}{EA}(120+80\sqrt{2})$ (↓)

4.3 图乘法

4.3.1 图乘法的原理

在以上梁和刚架的位移计算中，常常需要求积分的数值，比较麻烦。但当结构的各杆同时符合下列条件时：(1) 各杆为等直杆，(2) 各杆截面物理参数 (EI、EA、GA) 为常数，(3) 两个弯矩图中至少有一个是直线图形，我们可以用弯矩图面积乘积代替积分，这种方法称为图乘法。

因为弯矩图为直线形，所以设：$\overline{M} = x\tan\alpha$

因为截面物理参数为常数

所以对于直杆有：

$$\int\frac{\overline{M}M_P}{EI}ds = \frac{1}{EI}\int\overline{M}M_P ds = \frac{1}{EI}\int\overline{M}M_P dx = \frac{1}{EI}\int x\tan\alpha\cdot M_P dx$$

$$= \frac{\tan\alpha}{EI}\int xM_P dx = \frac{\tan\alpha}{EI}\cdot\omega\cdot x_0 = \frac{1}{EI}\omega y_0$$

图乘法求位移公式为：$\Delta_K = \frac{1}{EI}\omega y_0$

公式的意义：当两个内力图形中有一条为直线时，其积的结果为曲线图形积分段内的面积 ω 与其形心相对应的直线图形中纵标的乘积。

4.3.2　图乘法的适用条件

利用图乘法应注意：(1) 要满足之前的 3 个条件；(2) 形心的纵距需取自直线图形；(3) 正、负号规定：两个内力图在基线同侧时，乘积为正。

4.3.3　图乘法的计算步骤

图乘法计算位移的一般步骤包括：(1) 沿所求位移方向施加单位（广义）荷载；(2) 作实际荷载作用下的弯矩图 M_P，虚设单位力作用下的单位弯矩图 M_K；(3) 分段计算 M_P（或 M_K）图的面积 ω 及其形心对应另一弯矩图的纵坐标 y_0；(4) 将 ω 和 y_0 代入图乘法求位移公式计算。

为方便计算现将几种常见的简单图形的面积及形心位置列入图 4-4 中。

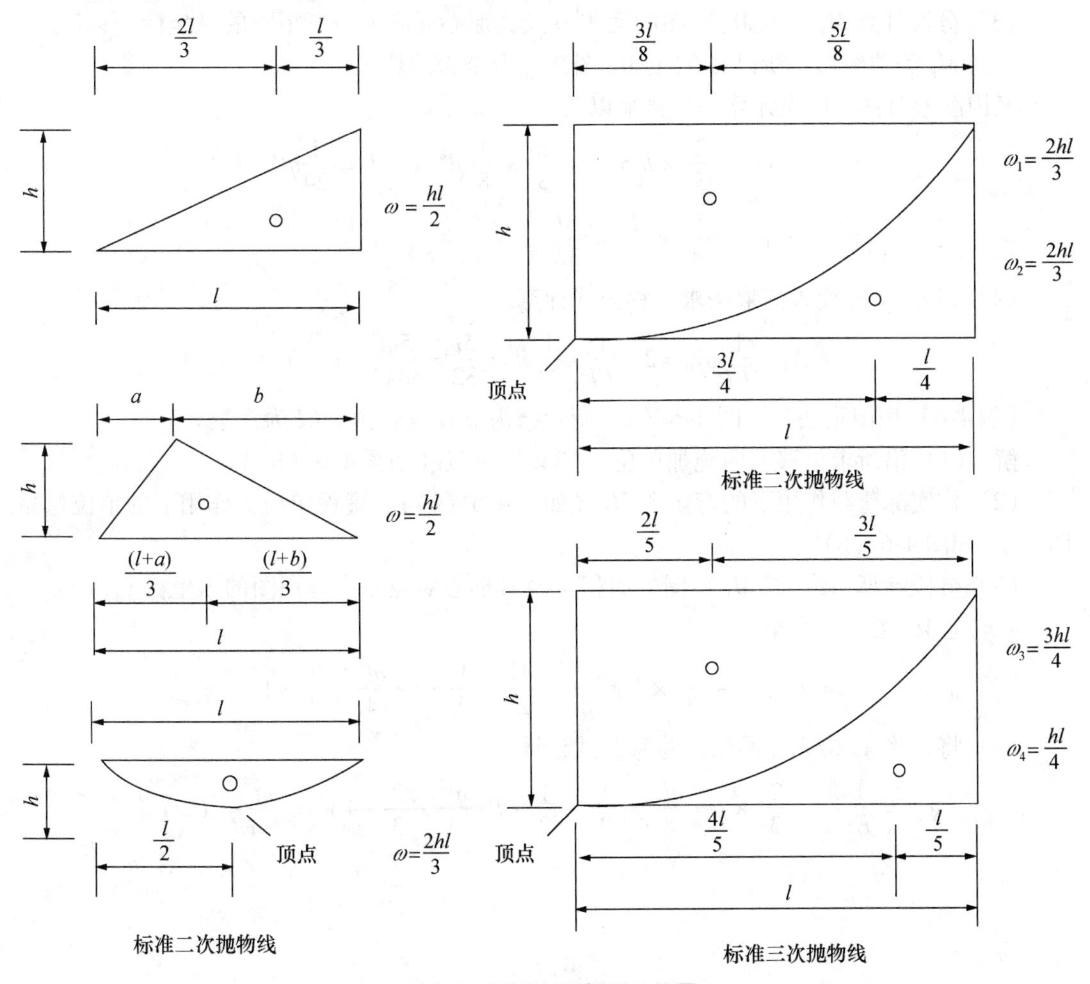

图 4-4　图形面积与形心位置

【例4-3】用图乘法计算简支梁在均布荷载作用下跨中 C 点的挠度（如图4-5（a））。EI 为常数。

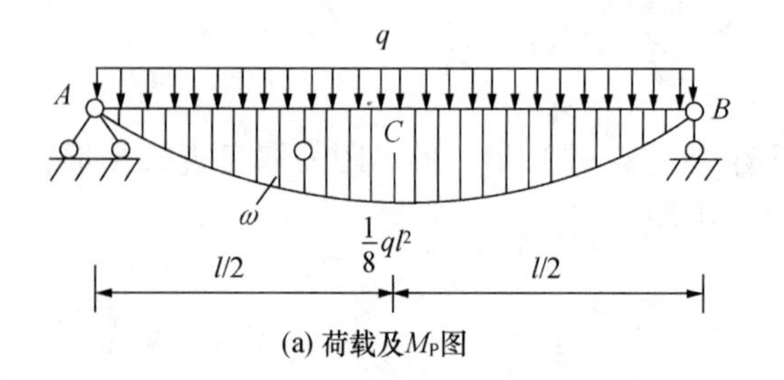

(a) 荷载及M_P图

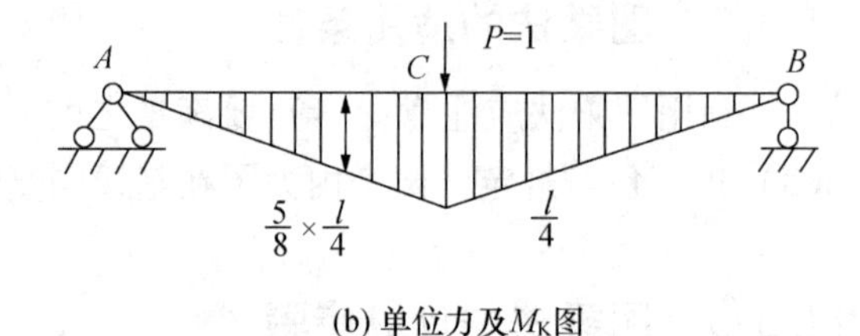

(b) 单位力及M_K图

图4-5

解：(1) 沿所求位移方向施加单位（广义）荷载（如图4-5（b））；

(2) 作实际荷载作用下的弯矩图 M_P（如图4-5（a）），虚设单位力作用下的单位弯矩图 M_K（图4-5（b））；

(3) 分段计算 M_P（或 M_K）图的面积 ω 及其形心对应另一弯矩图的纵坐标 y_0；

因为 M_P 为曲线形，所以 ω 取至 M_P 图，y_0 取至 M_K 图。

又因图形对称，可先计算一半再乘以二。

$$\omega = \frac{2}{3} \times h \times l = \frac{2}{3} \times \frac{1}{8}ql^2 \times \frac{1}{2}l = \frac{1}{24}ql^3$$

$$y_0 = \frac{5}{8} \times \frac{l}{4} = \frac{5l}{32}$$

(4) 将 ω 和 y_0 代入图乘法求位移公式计算。

$$\Delta_K = \frac{1}{EI}\omega y_0 = 2 \times \frac{1}{EI} \times \frac{1}{24}ql^3 \times \frac{5l}{32} = \frac{5ql^4}{384EI} \ (\downarrow)$$

【例4-4】用图乘法计算图4-6（a）所示结构中 B 点转角。EI 为常数。

解：(1) 沿所求位移方向施加单位（广义）荷载（如图4-6（b））；

(2) 作实际荷载作用下的弯矩图 M_P（如图4-6（c）），虚设单位力作用下的单位弯矩图 M_K（如图4-6（b））；

(3) 分段计算 M_P（或 M_K）图的面积 ω 及其形心对应另一弯矩图的纵坐标 y_0；

ω 取至 M_P 图，y_0 取至 M_K 图

$$\omega \times y_0 = -\frac{2}{3} \times l \times \frac{ql^2}{8} \times \frac{1}{2} + \frac{1}{2} \cdot l \cdot \frac{ql^2}{4} \cdot \frac{2}{3} \cdot 1$$

(4) 将 ω 和 y_0 带入图乘法求位移公式计算

$$\varphi_B = \frac{1}{EI}\left(-\frac{2}{3} \times l \times \frac{ql^2}{8} \times \frac{1}{2} + \frac{1}{2} \cdot l \cdot \frac{ql^2}{4} \cdot \frac{2}{3} \cdot 1\right) = \frac{ql^3}{24EI} \ (\lrcorner)$$

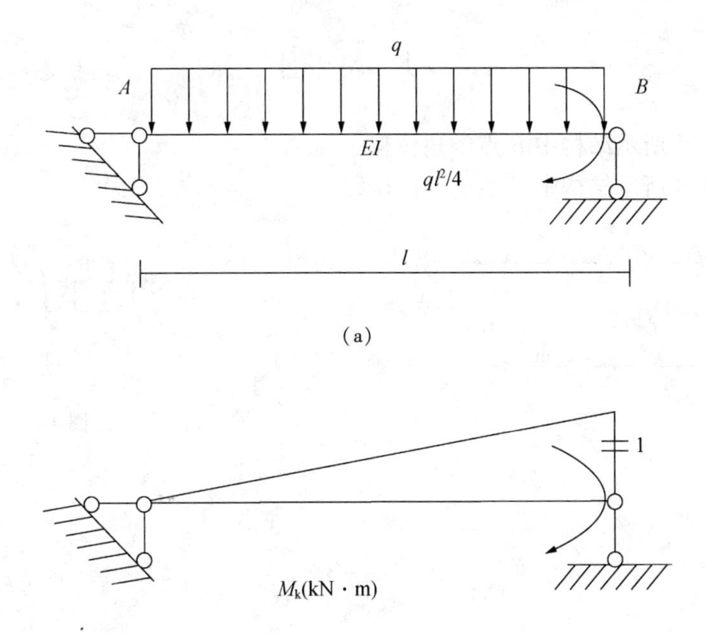

(a)

(b) 单位力及 M_K 图

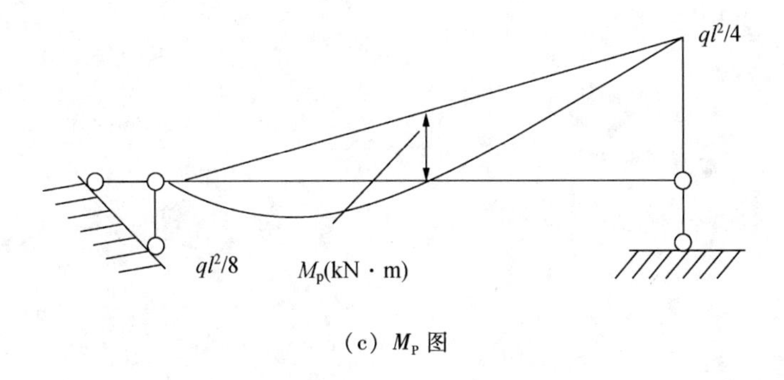

(c) M_P 图

图 4-6　例 4-4 用图

思 考 题

1. 什么是虚功原理？
2. 位移计算的一般公式是什么？
3. 图乘法有哪些适用条件？
4. 图乘法的计算步骤有哪几步？

习　　题

1. 计算图 4-7 所示结构中 B 点的角位移。
2. 计算图 4-8 所示结构中 C 点的竖向位移。

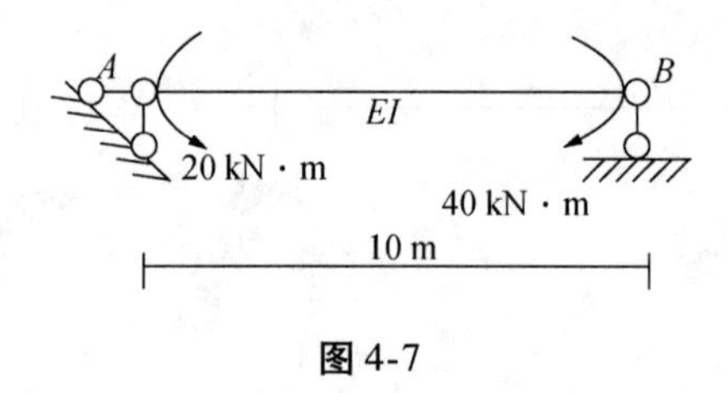

图 4-7

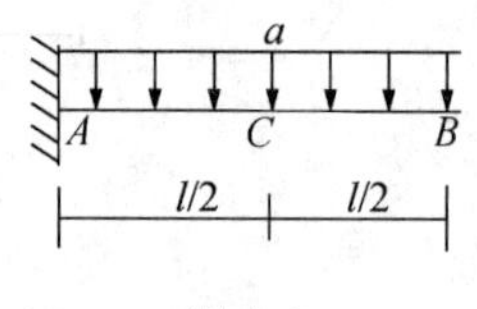

图 4-8

第5章　力　　法

主要内容

超静定结构的基本概念、力法的基本未知量、基本结构和基本方程、力法的计算方法。

学习重点

力法的基本结构和计算方法。

学习要求

了解超静定结构与静定结构的区别；了解超静定次数的计算方法；掌握如何选取力法的基本未知量和基本结构；掌握如何运用力法的基本方程解决超静定问题。

5.1　超静定结构的概述

在前面几章中，我们研究了静定结构的基本计算。静定结构的基本特点是，全部的支座反力和截面内力可以通过静力平衡方程求得。但在实际工程当中更多的是另一种结构，即超静定结构。下面我们将讨论超静定结构的计算问题。

5.1.1　超静定结构的概念

什么是超静定结构呢？我们通过与静定结构的对比来认识超静定结构。如图5-1所示，从几何构造分析，图5-1（a）所示结构是无多余约束的几何不变体系，如果从中撤去支杆 B，就变成了几何可变体系；同时，在这个结构中，由平衡条件可以求出全部约束反力，因此是静定结构。而从图5-1（b）中去掉支杆 B 后，结构仍为几何不变体系，这个约束对支承梁的几何不变性来说不是必要的，故可称支杆 B 为此结构中的多余约束；此时未知约束力的数目多于平衡方程数目，这种结构就是超静定结构。

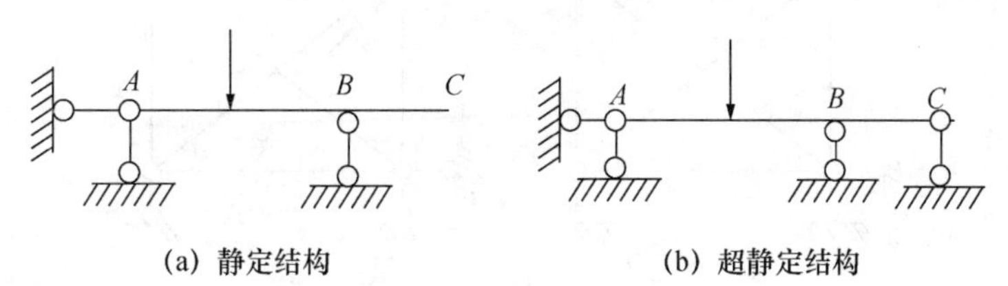

(a) 静定结构　　(b) 超静定结构

图5-1　静定结构与超静定结构

由此得出，一个结构，如果它的支座反力和各截面的内力不能完全由静力平衡条件唯一确定，则称为超静定结构。它的几何特征是几何不变有多余约束，静力特征是仅由平衡条件不能确定所有未知约束力；这两点也是超静定结构与静定结构的根本区别。

5.1.2 超静定结构的计算方法

超静定结构的计算方法很多，有力法、位移法、混合法、力矩分配法、矩阵位移法等，这些方法的基本思想是：

（1）找出未知问题不能求解的原因；

（2）将其化成会求解的问题；

（3）找出改造后的问题与原问题的差别；

（4）消除差别后，改造后的问题的解即为原问题的解。

在这些方法中，基本的方法只有力法和位移法，在后面的内容中，我们具体讨论这两种方法的计算。

5.1.3 超静定次数的确定

前面分析过，超静定结构是具有多余约束的几何不变体系，因此将多余约束的个数称为超静定次数。通常用去掉多余约束使原结构变成静定结构的方法来确定次数。如果将超静定结构去掉 n 个约束后，成为静定结构，则原结构为 n 次超静定，即超静定次数 = 多余约束的个数 = 把原结构变成静定结构时所需撤除的约束个数。

从超静定结构上去掉多余约束的基本方法有以下几种：

（1）去掉支座处的支杆或切断一根链杆，相当于去掉一个约束，如图 5-2（a）、(b)。

（2）撤去一个铰支座或撤去一个单铰，相当于去掉两个约束，如图 5-2（c）、(d)。

（3）切断一根梁式杆或去掉一个固定支座，相当于去掉三个约束，如图 5-2（e）。

（4）将一个刚结点改为单铰或一个固定支座改为固定铰支座，相当于去掉一个约束，如图 5-2（f）。

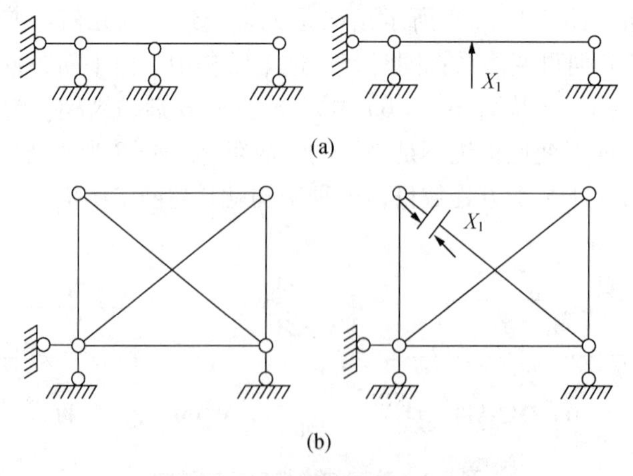

图 5-2　去掉多余约束的基本方法

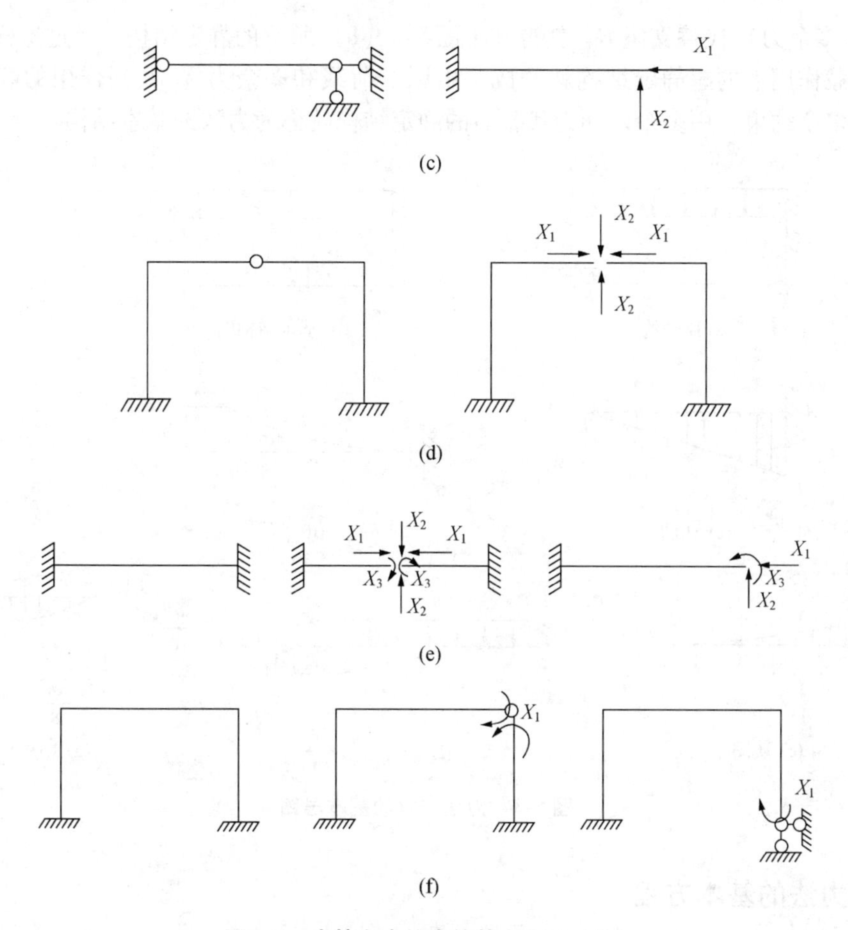

图 5-2　去掉多余约束的基本方法（续）

需要注意，不论采用上述哪种方式去掉多余约束，所去掉多余约束的数目必然是相等的。

5.2　力法的基本概念

力法是求解超静定结构的基本方法之一，要掌握力法，必须先熟悉下面几个基本问题。

5.2.1　力法的基本未知量

解决超静定结构的关键是算出多余未知力，只有先解决了这个问题，才能通过它建立平衡方程求解其他未知力。因此，将多余未知力称为力法的基本未知量。

5.2.2　力法的基本结构

图 5-3（a）所示是一个一次超静定结构，如果把支杆 B 作为多余约束去掉，并用未

知力 X_1（多余力）代替支座 B，就得到了图 5-3（b）所示的静定结构。经过这样的代换，原来在荷载作用下的超静定结构就变成了由原有荷载和多余力 X_1 共同作用的静定结构。这个去掉多余约束，用多余未知力代替后的静定结构就称为力法的基本结构。

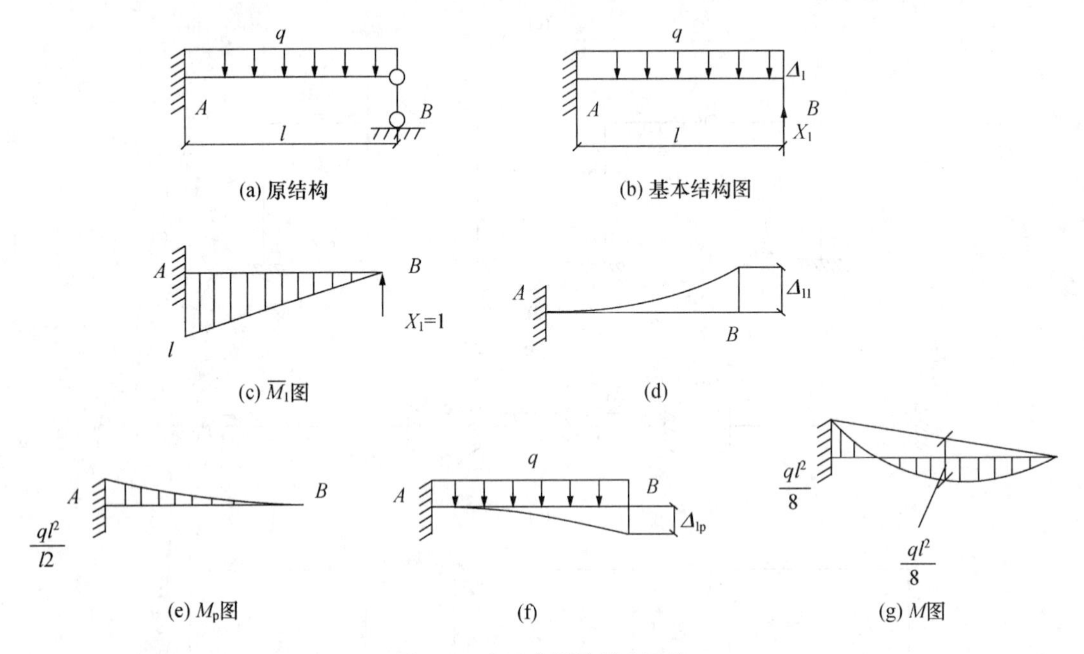

图 5-3 力法求解的基本思路

5.2.3 力法的基本方程

如何建立方程求解力法的基本未知量呢？利用平衡方程显然是不行的，必须补充新的条件。在图 5-3（a）中，原结构在 B 处由于约束的存在，不会发生竖向位移，即 $\Delta_1=0$；而基本结构在 B 处可能产生位移。为了使基本结构与原结构等效，就要求基本结构中点 B 处的竖向位移为零，由这个条件就可以建立变形协调方程求解基本未知量了。所以，用来确定多余力 X_1 的条件是，在基本结构中去掉多余约束处的位移应与原结构中相应位置处的位移相等，如图 5-3 中（d）、（f）所示，由此可得

$$\Delta_1=\Delta_{11}+\Delta_{1P}=0 \tag{5-1}$$

式中：Δ_1——荷载与未知力 X_1 共同作用下 X_1 方向的总位移；

Δ_{11}——基本结构在荷载单独作用下沿 X_1 方向的位移；

Δ_{1P}——基本结构在未知力 X_1 单独作用下沿 X_1 方向的位移。

通常，Δ 右下方两个角标的含义是：第一个角标表示位移的位置和方向；第二个角标表示产生位移的原因。

如果用 δ_{11} 表示 X_1 为单位力（即 $X_1=1$）时，基本结构在 X_1 作用点沿 X_1 方向产生的位移；则 $\Delta_{11}=\delta_{11}X_1$，式（5-1）就可以写成

$$\delta_{11}X_1+\Delta_{1P}=0 \tag{5-2}$$

上式就是根据原结构的变形条件建立的用以确定 X_1 的变形协调方程，即为力法的基

本方程。为了计算 δ_{11}、Δ_{1P}可分别绘出基本结构的单位弯矩图 $\overline{M}_1$（由单位力 $X_1=1$ 作用下的弯矩图）和荷载弯矩图 M_P（由荷载 q 作用产生弯矩图），如图5-3（c）、（e）所示。

故计算 δ_{11}时可用 $\overline{M}_1$ 图与 $\overline{M}_1$ 图进行图乘，称为“自乘”，即

$$\delta_{11} = \sum\int\frac{\overline{M}_1 M_1}{EI}\mathrm{d}x = -\frac{1}{EI}\times\frac{l^2}{2}\times\frac{2l}{3} = -\frac{l^3}{3EI}$$

故计算 Δ_{1P}时可用 $\overline{M}_1$ 图与 M_P 图进行图乘，得

$$\Delta_{1P} = \sum\int\frac{\overline{M}_1 M_P}{EI} = -\frac{1}{EI}\times\left(\frac{1}{3}\times l\times\frac{ql^2}{2}\times\frac{3l}{4}\right) = -\frac{ql^4}{8EI}$$

将 δ_{11} 和 Δ_{1P}代入式（5-2）中，解得

$$X_1 = -\frac{\Delta_{1P}}{\delta_{11}} = \frac{3ql}{8}\ (\uparrow)$$

结果为正，表示实际方向与基本结构中假设方向相同。X_1 求出后，其余的所有反力和内力可用静力平衡条件求得，超静定结构的最后弯矩图 M，可用已经绘出的 $\overline{M}_1$ 和 M_P 图按叠加原理绘出，如图5-3（g）所示，即

$$M = \overline{M}_1 X_1 + M_P$$

5.2.4　力法的典型方程

由前面的讲述可知，用力法解决超静定结构的关键是建立基本方程求解多余力。下面我们按照求解一次超静定结构的方法来解决多次超静定问题。

图5-4（a）所示刚架是一个三次超静定结构，可以选择多种不同的方式去掉多余约束得到基本结构。现选择去掉支座 B 的3个约束，并用多余力 X_1，X_2，X_3 代替，得到图5-3（b）所示的基本结构。由于 B 为固定端支座，该处各种位移都应为零，因此在 B 处沿多余力 X_1 方向的水平位移 Δ_1，沿 X_2 方向的竖向位移 Δ_2 和 X_3 方向的角位移 Δ_3 都应等于零，即位移条件为

$$\begin{cases}\Delta_1 = 0\\ \Delta_2 = 0\\ \Delta_3 = 0\end{cases}$$

若单位力 $X_1=1$ 单独作用时，引起 X_1 作用点沿 X_1、X_2 和 X_3 方向的位移分别为 δ_{11}、δ_{21}、δ_{31}，则在未知力 X_1 单独作用下，相应位移为 $\delta_{11}X_1$、$\delta_{21}X_1$、$\delta_{31}X_1$；同理单位力 $X_2=1$ 单独作用时，引起 X_2 作用点沿 X_1、X_2 和 X_3 方向的位移分别为 δ_{12}、δ_{22}、δ_{32}，则在未知力 X_2 单独作用下，相应位移为 $\delta_{12}X_2$、$\delta_{22}X_2$、$\delta_{32}X_2$；单位力 $X_3=1$ 单独作用时，引起 X_3 作用点沿 X_1、X_2 和 X_3 方向的位移分别为 δ_{13}、δ_{23}、δ_{33}，则在未知力 X_3 单独作用下，相应位移为 $\delta_{13}X_3$、$\delta_{23}X_3$、$\delta_{33}X_3$；而荷载作用下的位移依次用 Δ_{1P}、Δ_{2P}、Δ_{3P}表示，则根据叠加原理，位移条件表示为：

$$\Delta_1 = \delta_{11}X_1 + \delta_{12}X_2 + \delta_{13}X_3 + \Delta_{1P} = 0$$
$$\Delta_2 = \delta_{21}X_1 + \delta_{22}X_2 + \delta_{23}X_3 + \Delta_{2P} = 0$$
$$\Delta_3 = \delta_{31}X_1 + \delta_{32}X_2 + \delta_{33}X_3 + \Delta_{3P} = 0$$

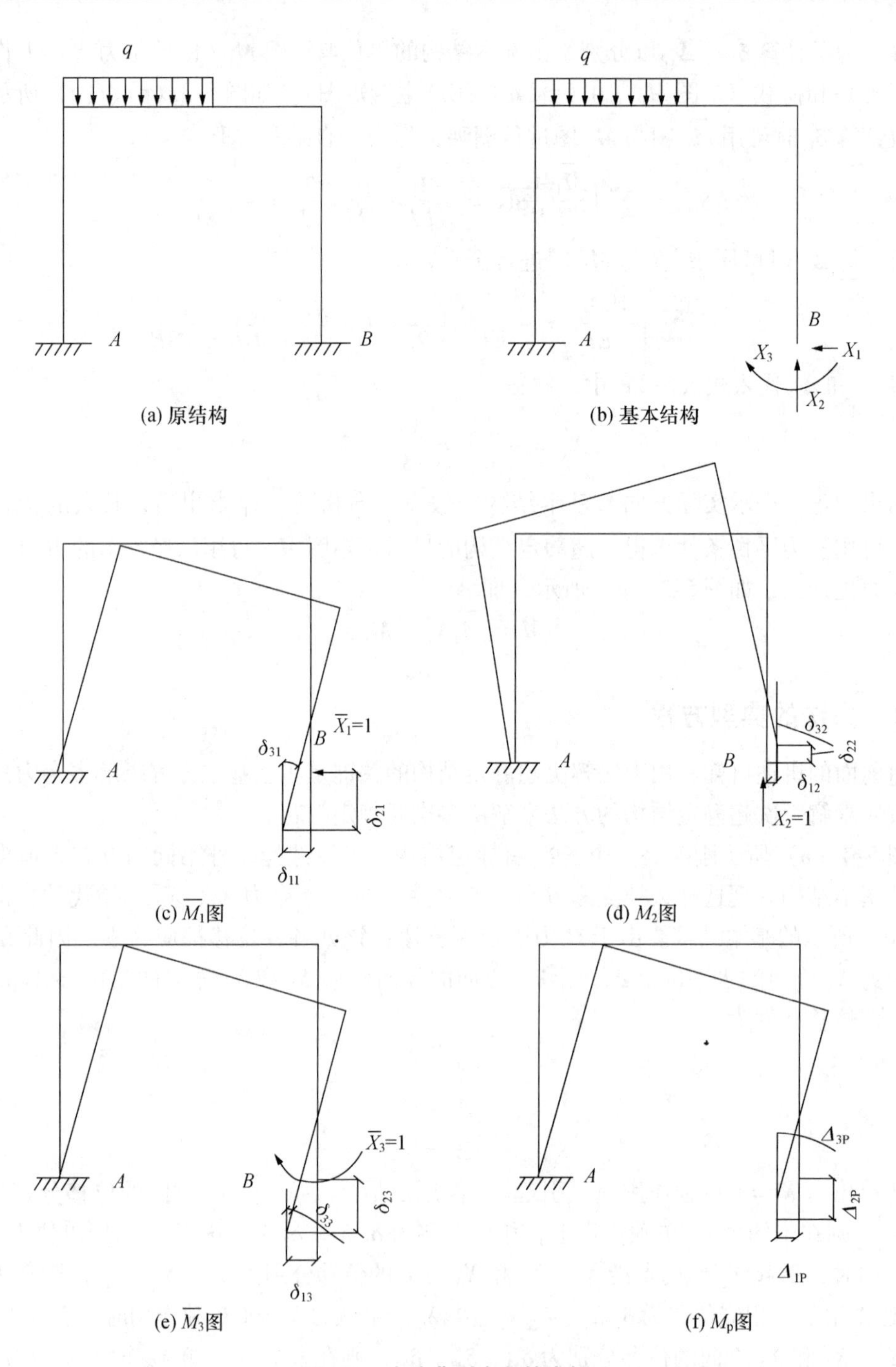

图 5-4　力法典型方程的求解

这就是求 X_1、X_2 和 X_3 所建立的力法方程。将该方程推广到 n 次超静定结构中时，可在结构中去掉 n 个多余约束，代之以 n 个多余未知力，由基本结构与原结构实际位移相等建立 n 个关于多余力的方程：

$$\left.\begin{aligned}\Delta_1 &= \delta_{11}X_1 + \delta_{12}X_2 + \delta_{13}X_3 + \cdots + \delta_{1n}X_n + \Delta_{1P} = 0\\ \Delta_2 &= \delta_{21}X_1 + \delta_{22}X_2 + \delta_{23}X_3 + \cdots + \delta_{2n}X_n + \Delta_{2P} = 0\\ &\vdots\\ \Delta_n &= \delta_{n1}X_1 + \delta_{n2}X_2 + \delta_{n3}X_3 + \cdots + \delta_{nn}X_n + \Delta_{nP} = 0\end{aligned}\right\} \tag{5-3}$$

不论超静定结构的次数和基本结构如何，均可以得到与式（5-3）相同的形式，故式（5-3）称为力法的典型方程。

式中：Δ_{iP}——由荷载产生的沿 X_i 方向的位移；

δ_{ij}——由单位力 $X_j = 1$ 产生的沿 X_i 方向的位移。

其中 δ_{ij} 可利用 $\overline{M}_i$ 图和 $\overline{M}_j$ 图图乘求得，Δ_{iP} 可通过 M_P 图与 $\overline{M}_i$ 图图乘求得，代入解出多余力后，就可按静定结构分析求出全部反力和内力，或利用叠加原理求出弯矩

$$M = X_1\overline{M_1} + X_2\overline{M_2} + \cdots + X_n\overline{M_n} + M_P$$

再根据平衡条件求得剪力和轴力。

5.3　力法的计算步骤与示例

5.3.1　计算步骤

用力法计算超静定结构的步骤可归纳如下：

（1）去掉原结构的多余约束并用多余力来代替，得到一个静定的基本结构。

（2）建立力法的典型方程。

（3）求 δ_{ij} 和 Δ_{iP}。

① 令 $\overline{X}_i = 1$，绘出基本结构单位弯矩图 $\overline{M}_i$ 和基本结构荷载弯矩图 M_P；

② 按照求静定结构位移的方法求 δ_{ij} 和 Δ_{iP}。

（4）解典型方程，求出多余未知力。

（5）绘出原结构最后内力图。

5.3.2　超静定梁

【例 5-1】 用力法计算图 5-5（a）所示连续梁，并作出弯矩图，设 EI 为常数。

解：（1）确定超静定次数，选取基本结构

此梁具有 1 个多余约束，是一次超静定结构，去掉 B 处的多余约束用多余未知力 X_1 代替，可得到图 5-5（b）所示的基本结构。

（2）建立力法的典型方程

根据 B 处的位移条件，可建立力法方程：

$$\delta_{11}X_1 + \Delta_{1P} = 0$$

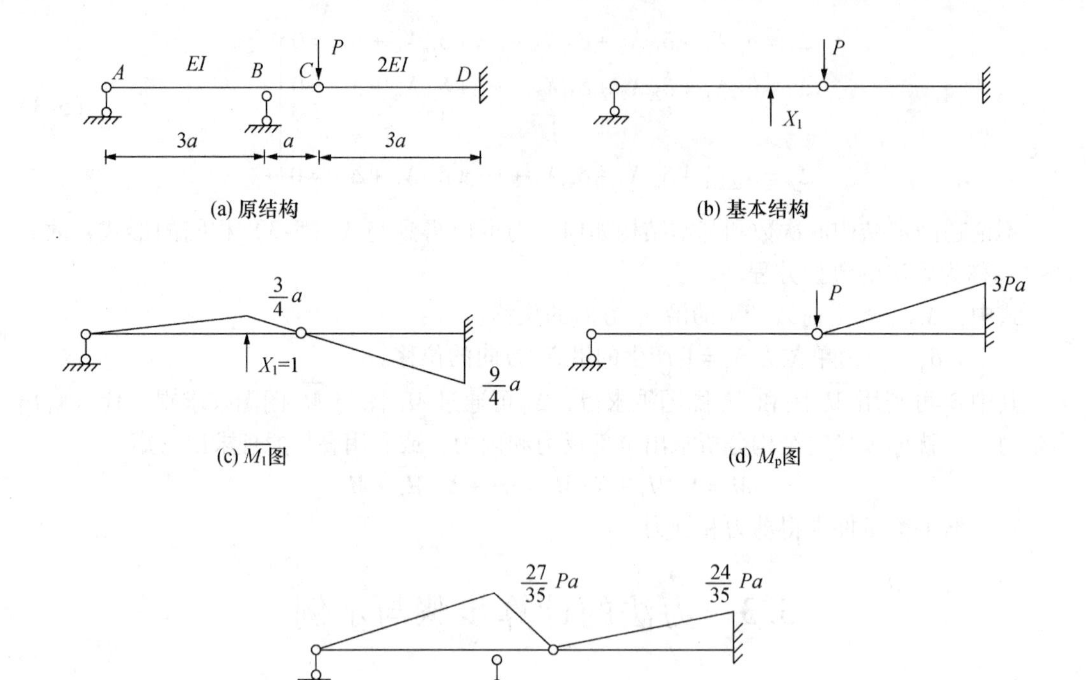

(a) 原结构

(b) 基本结构

(c) $\overline{M_1}$图

(d) M_P图

(e) M图

图 5-5 例 5-1 用图

(3) 求系数

作基本结构在单位力 $X_1=1$ 及荷载作用下的弯矩图 $\overline{M}_1$ 图和 M_P 图，如图 5-5（c）、图 5-5（d）所示。利用图乘法计算系数得

$$\delta_{11}=\frac{1}{EI}\left(\frac{1}{2}\times 3a\times\frac{3}{4}a\times\frac{2}{3}\times\frac{3}{4}a\times\frac{1}{2}\times a\times\frac{3}{4}a\times\frac{2}{3}\times\frac{3}{4}a\right)+$$
$$\frac{1}{2EI}\left(\frac{1}{2}\times 3a\times\frac{9}{4}a\times\frac{2}{3}\times\frac{9}{4}a\right)=\frac{105a^3}{32EI}$$

$$\Delta_{1P}=-\frac{1}{2EI}\left(\frac{1}{2}\times 3a\times\frac{9}{4}a\times\frac{2}{3}\times 3Pa\right)=-\frac{27Pa^3}{8EI}$$

(4) 求解多余力

将 δ_{11} 和 Δ_{1P} 代入到典型方程中

$$\frac{105a^3}{32EI}X_1-\frac{27Pa^3}{8EI}=0$$

解方程得 $X_1=\frac{36}{35}P$

结果为正，说明实际方向与假设方向相同。

(5) 绘制最后弯矩图

弯矩可根据叠加法 $M=\overline{M}_1X_1+M_P$ 计算，弯矩图如图 5-5（e）所示。

5.3.3　超静定刚架

【例 5-2】用力法计算图 5-6（a）所示刚架，并作出弯矩图，设 EI 为常数。

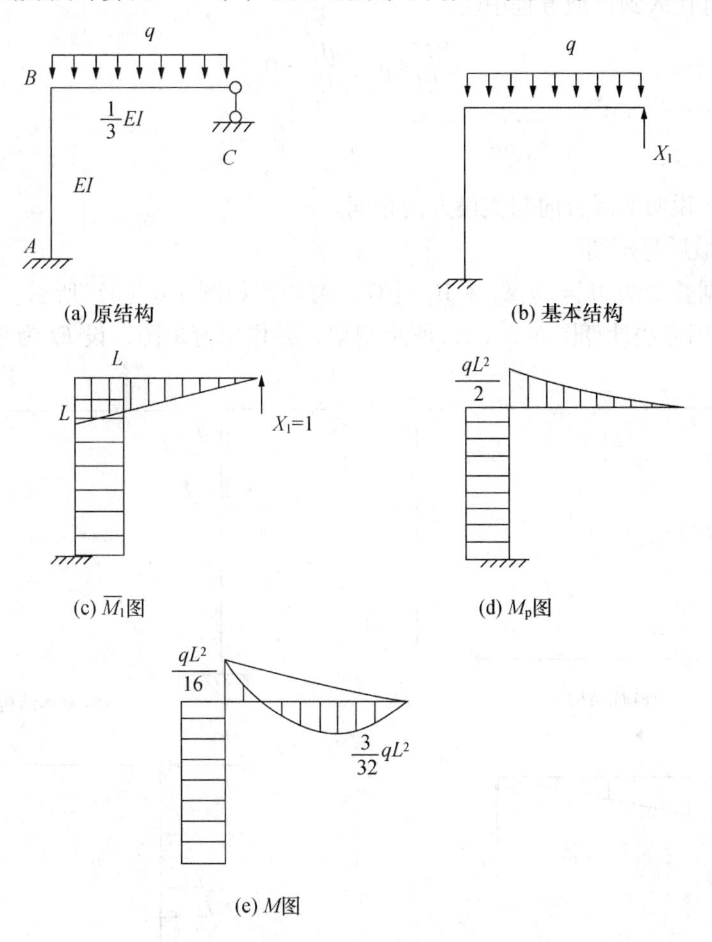

图 5-6　例 5-2 用图

解：（1）确定超静定次数，选取基本结构

此刚架具有 1 个多余约束，是一次超静定结构，去掉 C 处的多余约束用多余未知力 X_1 代替，可得到图 5-6（b）所示的基本结构。

（2）建立力法的典型方程

根据 B 处的位移条件，可建立力法方程：

$$\delta_{11} X_1 + \Delta_{1P} = 0$$

（3）求系数

作基本结构在单位力 $X_1 = 1$ 及荷载作用下的弯矩图 $\overline{M}_1$ 图和 M_P 图，如图 5-6（c）、（d）所示。利用图乘法计算系数得

$$\delta_{11} = \frac{1}{EI} L^3 + \frac{3}{EI}\left(\frac{1}{2}L^2 \times \frac{2}{3}L\right) = \frac{2L^3}{EI}$$

$$\Delta_{1P} = -\frac{1}{EI}\left(L^2 \times \frac{qL^2}{2}\right) - \frac{3}{EI}\left(\frac{1}{3} \times \frac{qL^2}{2} \times L \times \frac{3L}{4}\right) = -\frac{7qL^4}{8EI}$$

（4）求解多余力

将 δ_{11} 和 Δ_{1P} 代入到典型方程中

$$\frac{2L^3}{EI}X_1 - \frac{7qL^4}{8EI} = 0$$

解方程得 $X_1 = \frac{7}{16}qL$

结果为正，说明实际方向与假设方向相同。

（5）绘制最后弯矩图

弯矩可根据叠加法 $M = \overline{M}_1 X_1 + M_P$ 计算，弯矩图如图 5-6（e）所示。

【例 5-3】用力法计算图 5-7（a）所示刚架，并作出弯矩图，设 EI 为常数。

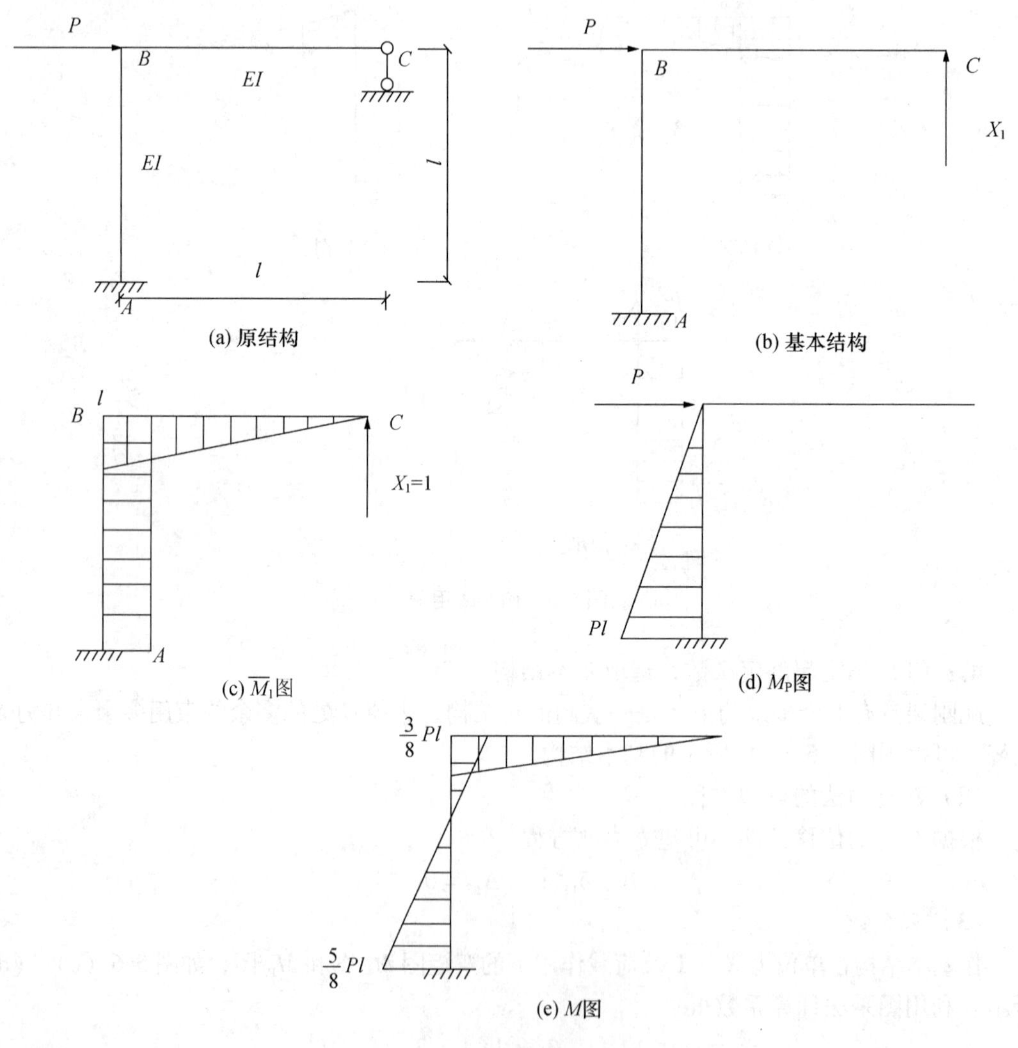

图 5-7 例 5-3 用图

解：（1）确定超静定次数，选取基本结构

此刚架具有1个多余约束，是一次超静定结构，去掉C处的多余约束用多余未知力X_1代替，可得到图5-7（b）所示的基本结构。

（2）建立力法的典型方程

根据B处的位移条件，可建立力法方程：

$$\delta_{11}X_1+\Delta_{1P}=0$$

（3）求系数

作基本结构在单位力$X_1=1$及荷载作用下的弯矩图$\overline{M}_1$图和M_P图，如图5-7（c）、（d）所示。利用图乘法计算系数得

$$\delta_{11}=\frac{1}{EI}l^3+\frac{1}{EI}\left(\frac{1}{2}l^2\times\frac{2}{3}l\right)=\frac{4L^3}{3EI}$$

$$\Delta_{1P}=-\frac{1}{EI}\left(\frac{pl^2}{2}\times l\right)=-\frac{pl^3}{2EI}$$

（4）求解多余力

将δ_{11}和Δ_{1P}代入到典型方程中

$$\frac{4l^3}{3EI}X_1-\frac{pl^3}{2EI}=0$$

解方程得

$$X_1=\frac{3}{8}P$$

结果为正，说明实际方向与假设方向相同。

（5）绘制最后弯矩图

弯矩可根据叠加法$M=\overline{M}_1X_1+M_P$计算，弯矩图如图5-7（e）所示。

5.3.4　超静定桁架

【例5-4】用力法计算图5-8（a）所示超静定桁架各杆的轴力。已知各杆的EA相同。

解：（1）确定超静定次数，选取基本结构

此桁架具有1个多余约束，是一次超静定结构，现切断AC杆，用多余未知力X_1代替，可得到如图5-8（b）所示的基本结构。

（2）建立力法的典型方程

根据切口两侧截面沿杆轴方向的相对线位移为零的条件，可建立力法方程：

$$\delta_{11}X_1+\Delta_{1P}=0$$

（3）求系数

先分别求出单位力和已知荷载分别作用于基本结构所产生的轴力，如图5-8（c）、（d）所示。利用图乘法计算系数得

$$\delta_{11}=\sum\frac{\overline{F}_{N1}^2l}{EA}=\frac{1}{EA}\left[4\times\left(-\frac{1}{\sqrt{2}}\right)^2\times a+1^2\times\sqrt{2}l\times2\right]=\frac{2(1+\sqrt{2})l}{EA}$$

$$\Delta_{1P}=\sum\frac{\overline{F}_{N1}F_{NP}l}{EA}=\frac{1}{EA}\left[2\times\left(-\frac{1}{\sqrt{2}}\right)\times p\times a+1\times(-\sqrt{2}P)\times\sqrt{2}l\right]$$

$$=-\frac{(2+\sqrt{2})\ pl}{EA}$$

(4) 求解多余力

将 δ_{11} 和 Δ_{1P} 代入到典型方程中

解方程得 $$X_1 = \frac{\sqrt{2}}{2}P$$

(5) 求各杆轴力

原结构各杆的轴力可按下式计算

$$F_N = X_1 \overline{F}_{N1} + F_{NP} = \frac{\sqrt{2}}{2}F_P \overline{F}_{N1} + F_{NP}$$

最后结果如图 5-8 (e) 所示。

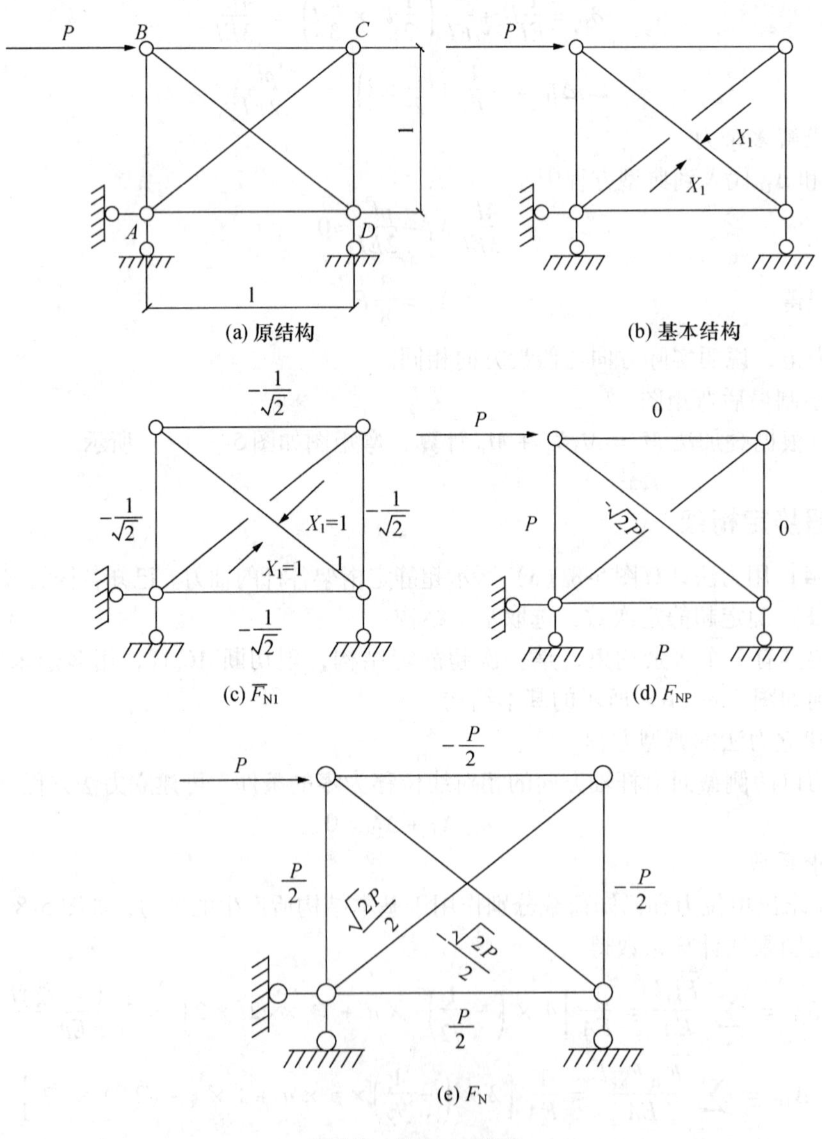

图 5-8 例 5-4 用图

思考题

1. 说明静定结构与超静定结构的区别。
2. 如何确定超静定结构的次数?
3. 何谓力法的基本结构和基本未知量?
4. 力法典型方程的意义是什么?其系数的物理意义是什么?
5. 试述用力法求解超静定结构的步骤。
6. 用力法计算超静定结构时，当基本未知量求得后，绘制超静定梁、刚架、排架的最后内力图，可用哪两种方法?

习题

1. 判断图5-9所示结构的超静定次数。

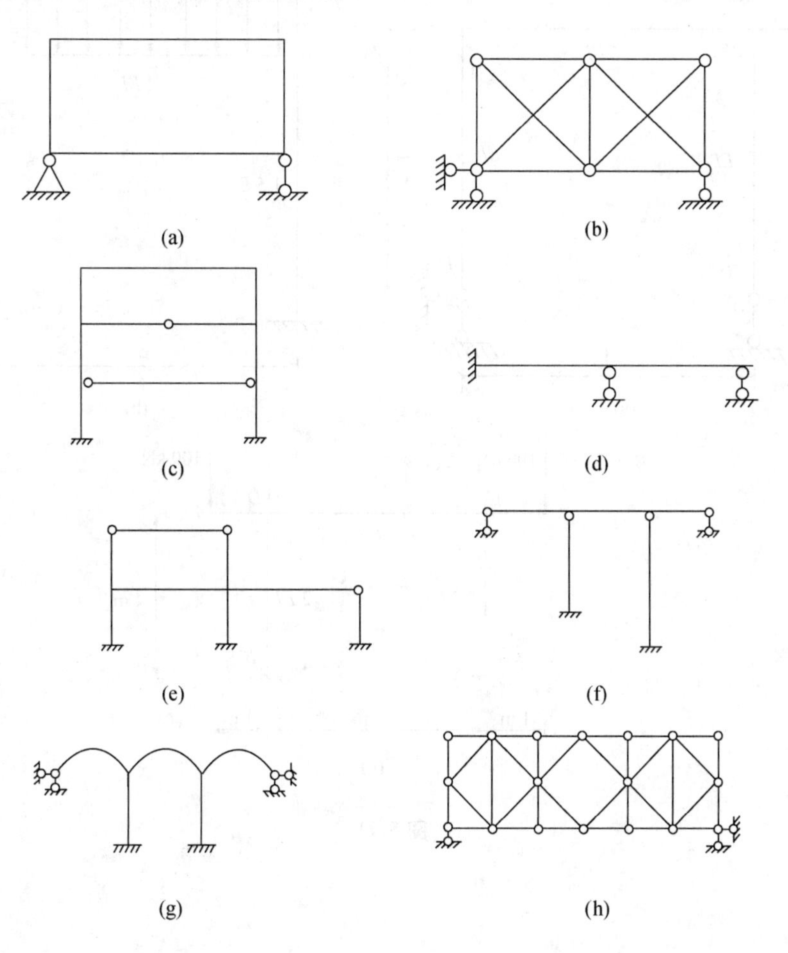

图5-9

2. 用力法计算图 5-10 所示超静定梁，并作 M 图，EI = 常数。

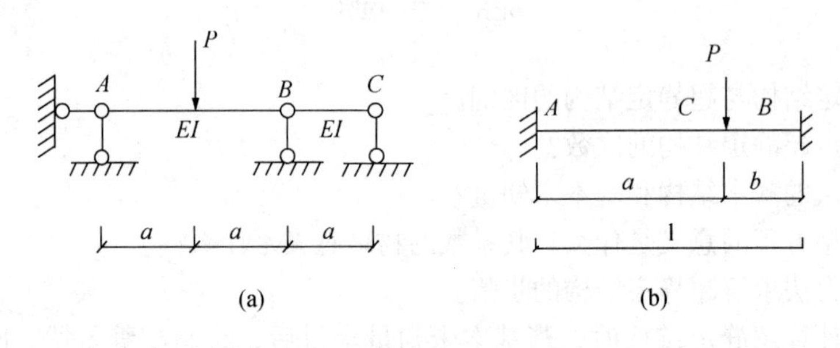

(a) (b)

图 5-10

3. 用力法计算图 5-11 所示刚架，并作 M 图，EI = 常数。

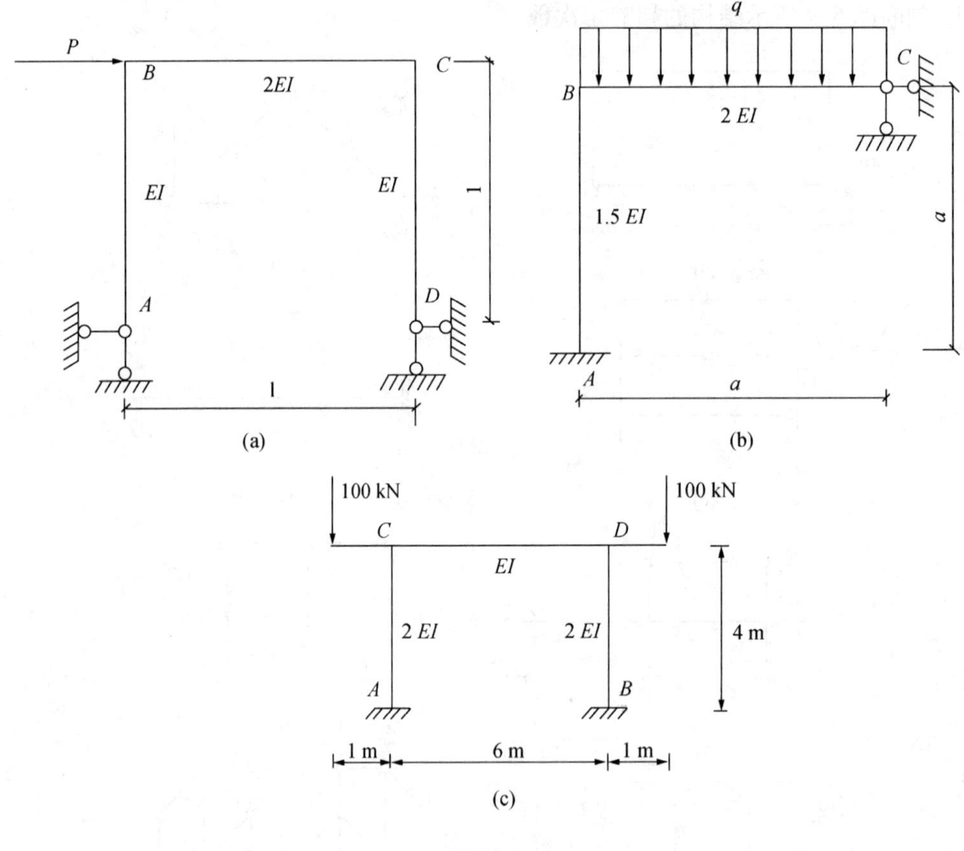

(a) (b)

(c)

图 5-11

4. 用力法求图 5-12 所示桁架杆 AC 的轴力，各杆 EA 相同。

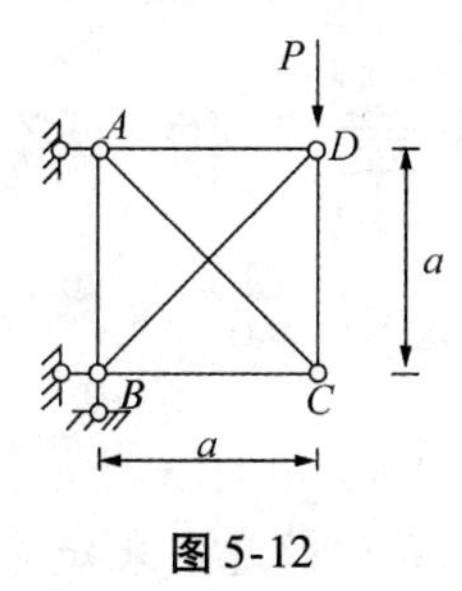

图 5-12

5. 用力法计算图 5-13 所示桁架中杆件 1、2、3、4 的内力，各杆 EA = 常数。

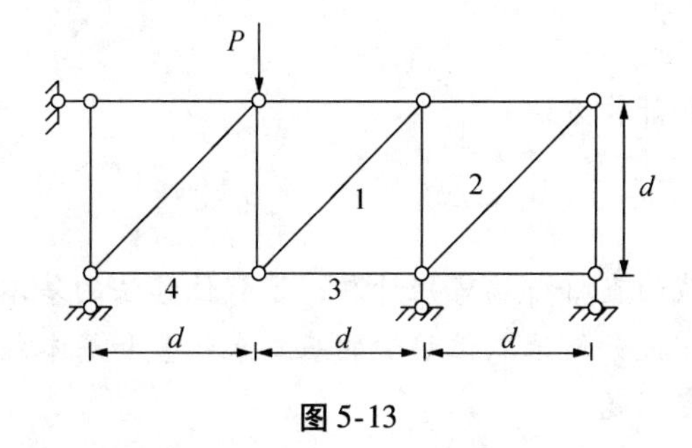

图 5-13

6. 用力法求图 5-14 所示桁架 DB 杆的内力，各杆 EA 相同。

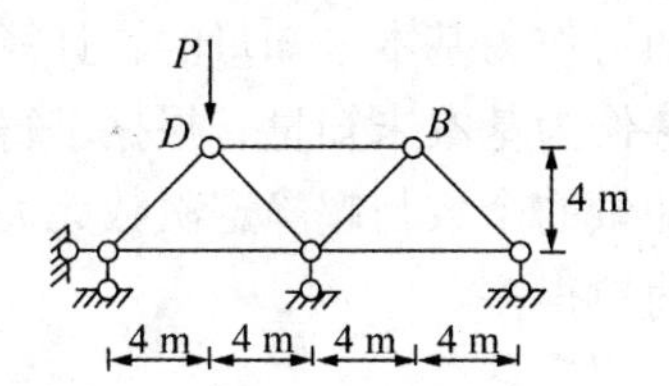

图 5-14

第6章　位 移 法

主要内容

等截面直杆的转角位移方程、位移法的基本未知量、基本结构和基本方程、位移法的计算方法。

学习重点

位移法的基本结构和计算方法。

学习要求

掌握常见结构的等截面直杆杆端弯矩计算；了解位移法的基本概念和适用范围；了解位移法与力法的区别；掌握如何选取位移法的基本未知量和基本结构；掌握如何运用位移法的基本方程解决超静定问题。

位移法是分析超静定结构的又一基本方法。它与力法的根本区别在于，所选取的基本未知量不同，力法是以多余未知力作为基本未知量的，计算时需先求出多余未知力再计算内力；而位移法则是以节点位移作为基本未知量，根据求得的节点位移再算得结构的未知力和其他未知位移。位移法未知量的个数与超静定次数无关，因此对于一些复杂的超静定刚架来说，用位移法要比力法简单得多。

6.1　等截面直杆的转角位移方程

位移法计算中，可以将结构分解为多个单跨超静定梁，将单跨超静定梁作为结构计算的计算单元。单跨超静定梁的支承情况一般可以分为如图 6-1 所示的两端固定、一端固定一端铰支和一端固定而另一端滑动支座 3 种。

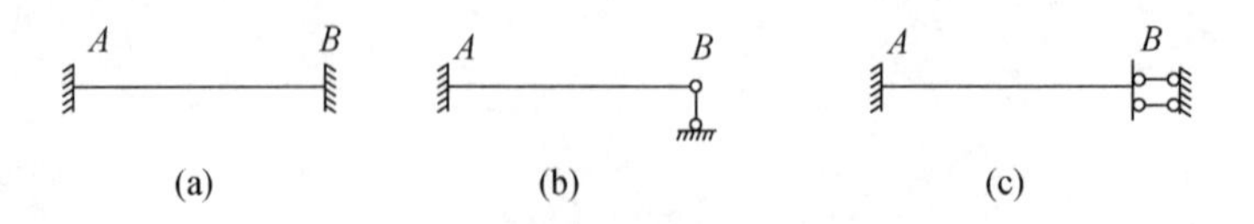

图 6-1　单跨超静定梁的支承情况

通常，对于被分解后的单根梁来说，结构的结点位移就是梁的支座位移（即杆端位移）。表示杆端弯矩（或杆端剪力）与荷载和支座位移之间关系的表达式为转角位移方程。在方程中，杆端力与杆端位移的符号规定如下：

（1）杆端弯矩绕杆端顺时针转动为正（对结点或支座而言，则为逆时针转动为正），反之为负；

（2）杆端剪力绕着其所作用的隔离体内侧附近一点顺时针转动为正，逆时针转动为负；

（3）杆端转角 θ 以顺时针方向为正，反之为负；

（4）杆端相对线位移 Δ 以顺时针转动为正，反之为负。

不同结构在不同情况下的杆端弯矩和剪力值列于表6-1中。

表6-1　等截面直杆的杆端弯矩和剪力

编号	简　图	弯矩图（绘在受拉边）	弯　矩		剪　力	
			M_{AB}	M_{BA}	F_{QAB}	F_{QBA}
1	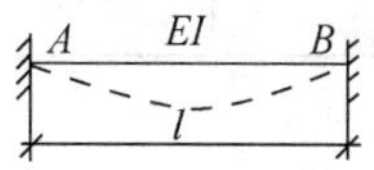	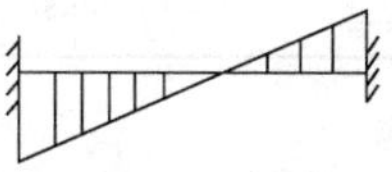	$\frac{4EI}{l}=4i$ （$i=\frac{EI}{l}$，下同）	$2i$	$-6\frac{i}{l}$	$-6\frac{i}{l}$
2	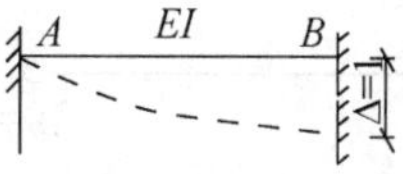	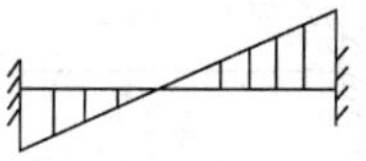	$-6\frac{i}{l}$	$-6\frac{i}{l}$	$12\frac{i}{l^2}$	$12\frac{i}{l^2}$
3	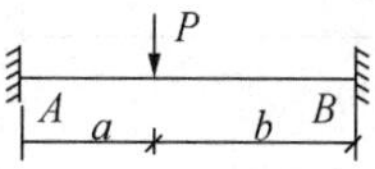	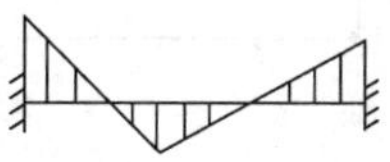	$-\frac{Pab^2}{l^2}$	$\frac{Pa^2b}{l^2}$	$\frac{Pb^2(l+2a)}{l^3}$	$\frac{Pa^2(l+2b)}{l^3}$
4	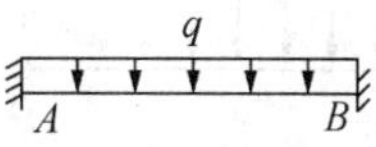	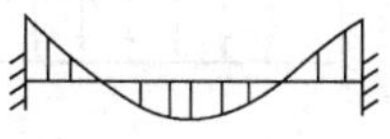	$-\frac{1}{12}ql^2$	$\frac{1}{12}ql^2$	$\frac{1}{2}ql$	$-\frac{1}{2}ql$
5	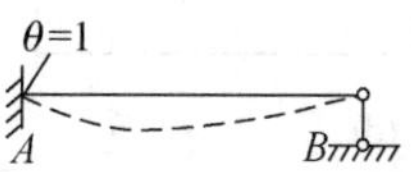	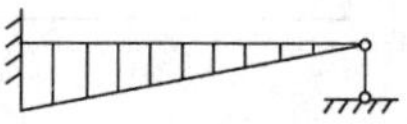	$3i$	0	$-3\frac{i}{l}$	$-3\frac{i}{l}$
6	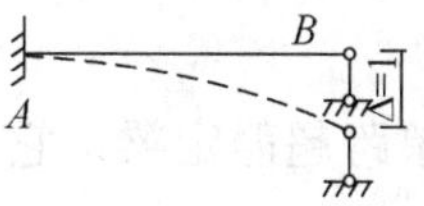	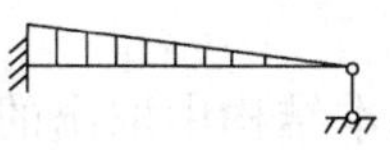	$-3\frac{i}{l}$	0	$3\frac{i}{l^2}$	$3\frac{i}{l^2}$
7	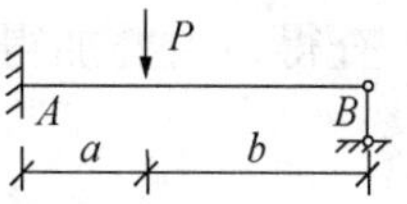	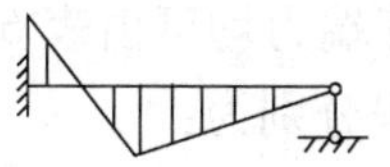	$-\frac{Pab(l+b)}{2l^2}$	0	$\frac{Pb(3l^2-b^2)}{2l^3}$	$-\frac{Pa^2(2l+b)}{2l^3}$
8	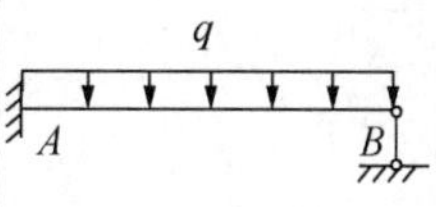	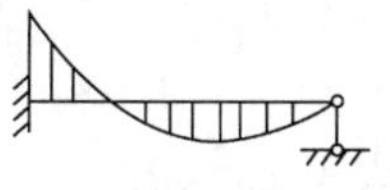	$-\frac{1}{8}ql^2$	0	$\frac{5}{8}ql$	$-\frac{3}{8}ql$

（续表）

编号	简 图	弯矩图（绘在受拉边）	弯 矩		剪 力	
			M_{AB}	M_{BA}	F_{QAB}	F_{QBA}
9	A $\theta=1$ B		i	$-i$	0	0
10	q A B		$-\dfrac{Pa\ (l+b)}{2l}$	$-\dfrac{Pa^2}{2l}$	P	0
11	P A B		$-\dfrac{Pl}{2}$	$-\dfrac{Pl}{2}$	P	$P_{\text{QB}}^{L}=P$ $P_{\text{QB}}^{R}=0$

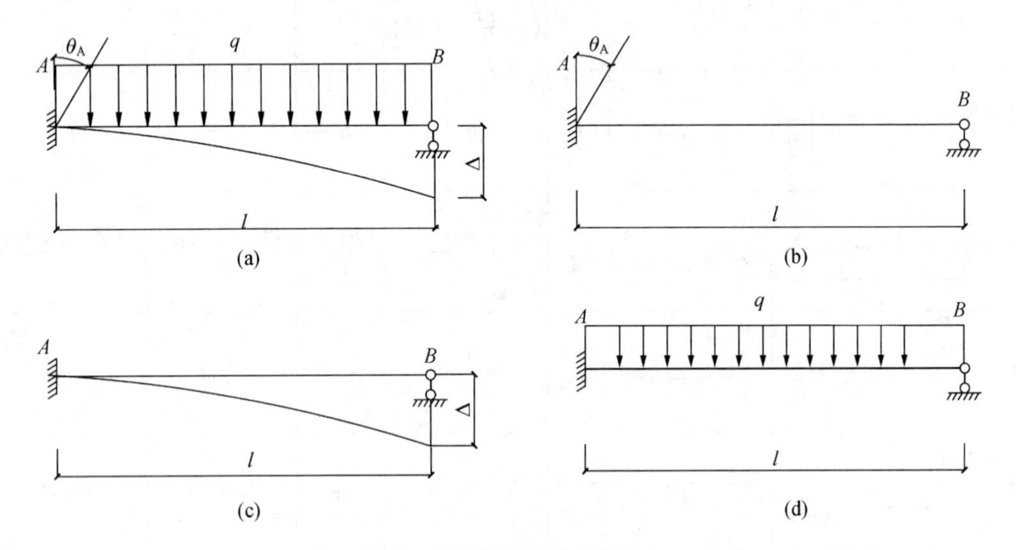

图 6-2 单跨超静定梁求解图示

以图 6-2（a）所示结构为例，这是一个从基本结构中取出的单跨超静定梁，它一端固定一端铰支，其上作用有均布荷载。梁端转角为 θ_A，线位移为 Δ，（a）图可由（b）、（c）、（d）图 3 种情况叠加得到。这 3 种情况的杆端力均可由表 6-1 查得，由叠加得到的杆端弯矩的转角位移方程和杆端剪力转角位移方程分别为：

$$M_{\text{AB}} = 3i\theta_{\text{A}} - \frac{3i}{l}\Delta - \frac{ql^2}{8}$$

$$M_{\text{BA}} = 0$$

$$\theta_{\text{AB}} = -\frac{3i}{l}\theta_A + \frac{3i}{l^2}\Delta + \frac{5}{8}ql$$

$$\theta_{\text{BA}} = -\frac{3i}{l}\theta_A + \frac{3i}{l^2}\Delta - \frac{3}{8}ql$$

6.2 位移法的基本概念

用位移法计算超静定结构，是把超静定结构的某些结点位移（角位移和线位移）作为基本未知量，单跨超静定梁作为计算单元，通过平衡方程求出基本未知量，最后求得结构的内力。

6.2.1 基本未知量的确定

位移法的基本未知量是结构上刚性结点的结点角位移和独立的结点线位移。因此，计算时要先确定作为基本未知量的角位移和线位移。

1. 结点角位移

结点角位移的数目等于刚结点数目。因为在同一刚结点处，各杆端的转角是相同的；因此，每一个刚结点只有一个角位移。如图6-3所示刚架，有4个刚结点，因而其结点角位移数目为4。而对于铰结点或铰支座处各杆端的转角，它们不是独立的，在确定一端固定另一端铰支的等截面支杆的杆端弯矩时，不需要它们的数值，故一般不选做基本未知量。

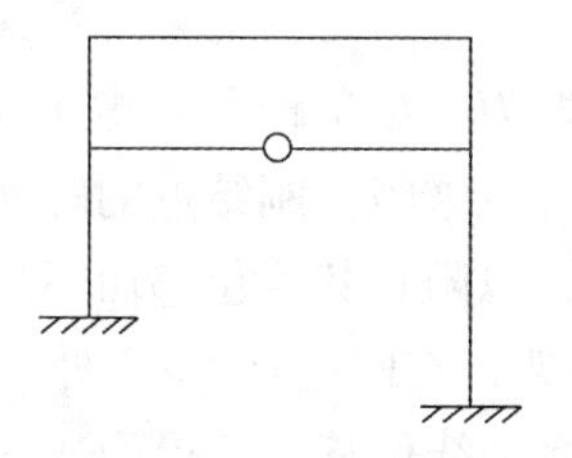

图6-3 刚架结点角位移图示

2. 结点线位移

在位移法中，为了计算简化，通常假定各杆端之间的连线长度在变形后仍保持不变，因此，结点的线位移可以用垂直于杆件的线段来代替。在图6-4（a）中，A与B点的竖向位移均为零，由于AB杆长度不变，所有，A点与B点的水平位移是相等的，均为Δ，即这个刚架只有一个线位移。

对于简单刚架，可通过观察直接确定结点线位移的数目。对于复杂刚架，仅依靠直观判断线位移数目是比较困难的，下面介绍一个比较简单的判断复杂刚架结点线位移的方法：

首先将原结构的所有刚结点和固定支座假设成铰，使整个结构变成一个铰接体系。然后判断此铰接体系是否几何可变，如果是几何不变体系，则说明原结构没有独立的结点线位移；如果是几何可变或瞬变体系，则需增加最少链杆使之变成几何不变体系。这个所增加的最少链杆数就是原结构的结点线位移数目。如图6-4（b）所示刚架，把所有刚结点及固定支座都换成铰后，它变成了几何可变体系，要想体系变为几何不变的，必须增加两根链杆，如图 6-4（c）所示，所以判断原结构有两个结点线位移，即 Δ_1 和 Δ_2。

但需要注意，对于桁架不能应用此方法。因为桁架杆件不能忽略其轴向变形，所以每一个平面桁架结点都有 x 方向和 y 方向两个独立线位移。

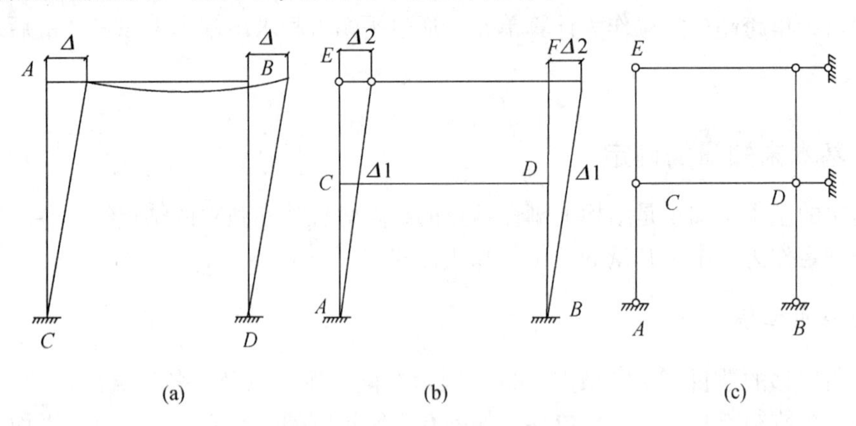

图 6-4　刚架结点线位移图示

6.2.2　位移法的基本结构

位移法的基本结构是把刚架取为一组单跨梁。建立位移法的基本结构，可在刚架的每一个刚结点上假想加一个附加刚臂，来阻止刚结点的转动，但不阻止刚结点的移动；对产生线位移的结点上加上附加链杆，以阻止其线位移而不阻止结点转动。

如图 6-5（a）所示超静定刚架，在刚结点 1、2 处分别加两个刚臂来限制结点的角位移，在 2 处加一根水平链杆阻止水平线位移，就得到如图 6-5（b）所示的基本结构。这个基本结构由 3 根单跨超静定梁组成。与力法不同的是，在位移法中，基本结构是通过增加刚臂和链杆得到的，一般只有一种形式的基本结构，而力法是用多余未知力来代替多余约束，采用静定结构作为基本结构，因此它的基本结构可以是多种形式。

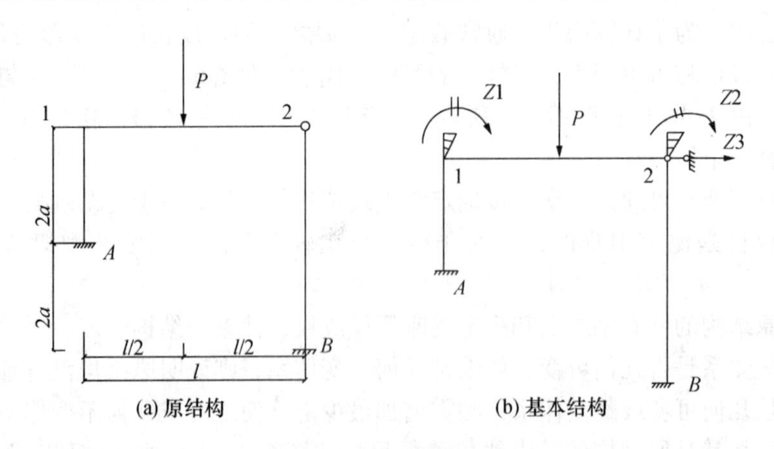

图 6-5　位移法的基本结构

6.2.3　位移法的典型方程

与力法类似，我们下面来讨论如何通过位移法的方程求解基本未知量。

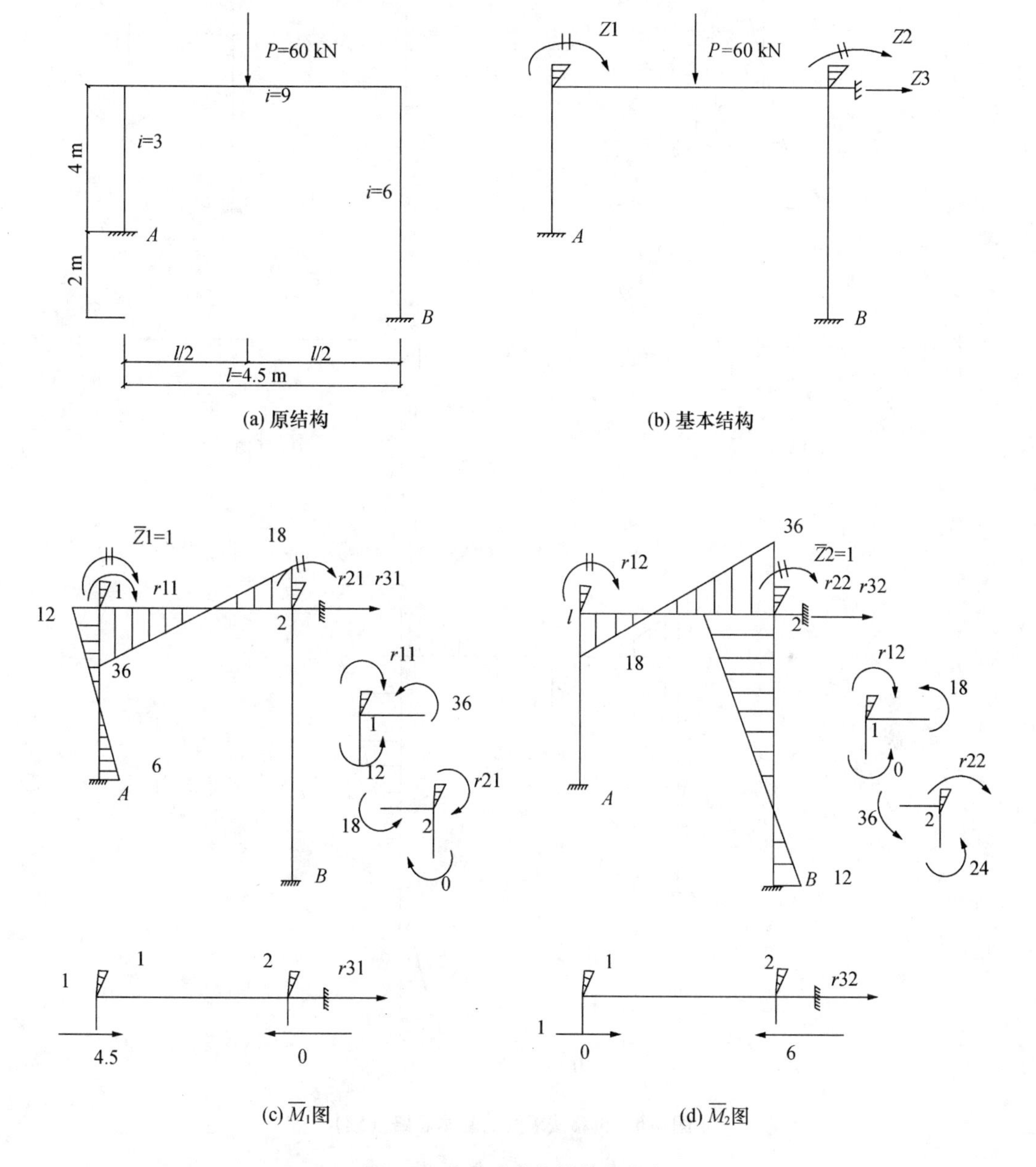

(a) 原结构　　(b) 基本结构

(c) $\overline{M}_1$图　　(d) $\overline{M}_2$图

图 6-6　位移法求解的基本思路

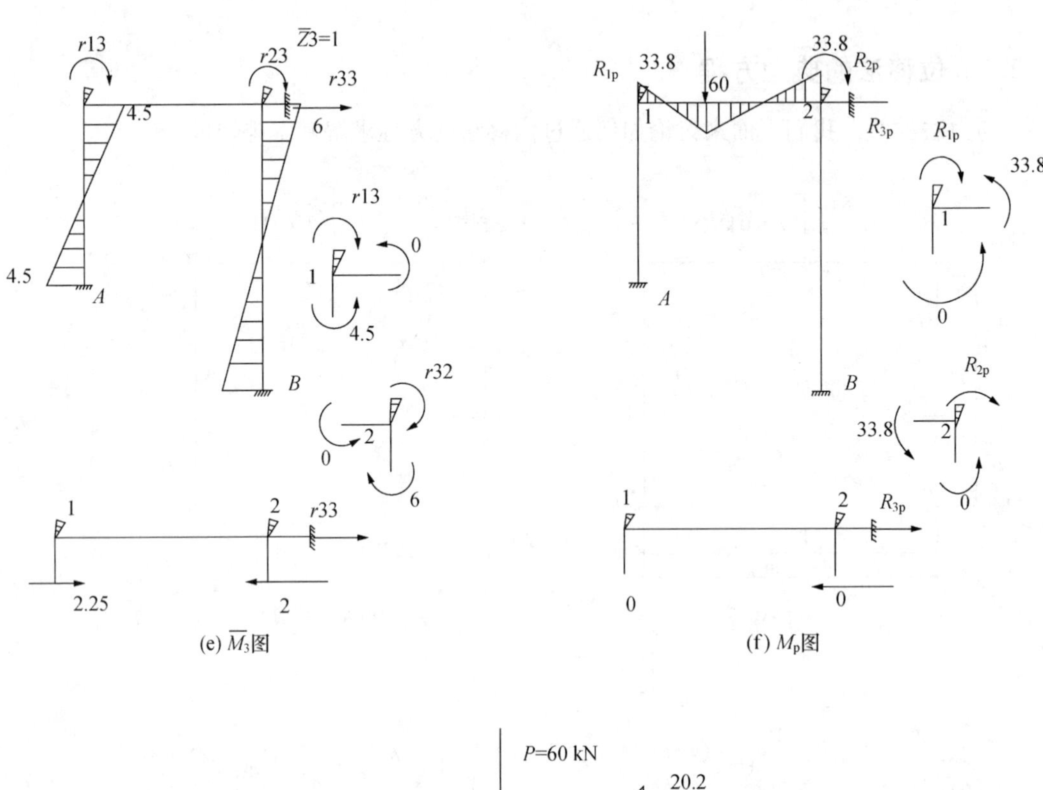

(e) $\overline{M}_3$图　　(f) M_p图

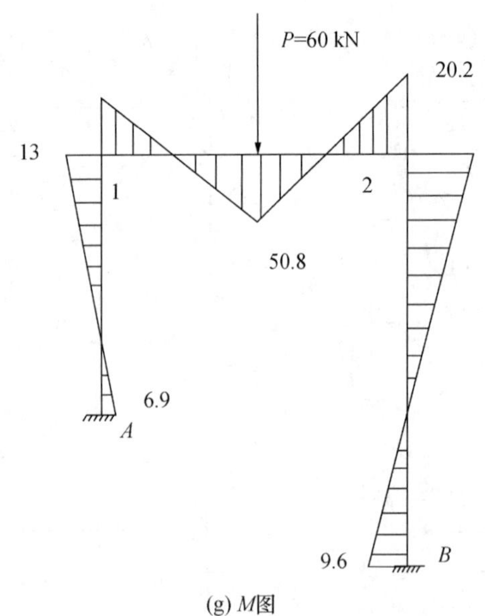

(g) M图

图 6-6　位移法求解的基本思路（续）

以图 6-6（a）为例，在结点 1、2 处加附加刚臂，在 2 处加附加杆件就形成了基本结构，如图 6-5（b）所示。由于附加刚臂和附加杆件限制了结点 1、2 的转动和 2 的移动，现强使基本结构的结点 1 处产生转角 Z_1，则在附加刚臂 1 处产生反力矩 R_{11}，附加刚臂 2 处产生反力矩 R_{21}，在附加杆件处产生反力矩 R_{31}；同理，强使基本结构在结点 2 处产生转

角 Z_2，则在附加刚臂1处产生反力矩 R_{12}，附加刚臂2处产生反力矩 R_{22}，在附加杆件处产生反力矩 R_{32}；强使基本结构在结点2处产生移动 Z_3，则在附加刚臂1处产生反力矩 R_{13}，附加刚臂2处产生反力矩 R_{23}，在附加杆件处产生反力矩 R_{33}；另外，基本结构在荷载作用下，同样在附加刚臂1处产生反力矩 R_{1P}，附加刚臂2处产生反力矩 R_{2P}，在附加杆件处产生反力矩 R_{3P}。设该刚架上附加刚臂1上的总反力矩为 R_1，附加刚臂2上的总反力矩为 R_2，附加杆件2上的总反力矩为 R_3，则有

$$\begin{cases} R_1 = R_{11} + R_{12} + R_{13} + R_{1P} \\ R_2 = R_{21} + R_{22} + R_{23} + R_{2P} \\ R_3 = R_{31} + R_{32} + R_{33} + R_{3P} \end{cases}$$

由于原结构上没有反力 R_1、R_2、R_3，为了使结构和原结构保持一致，则有

$$R_1 = R_{11} + R_{12} + R_{13} + R_{1P} = 0$$

$$R_2 = R_{21} + R_{22} + R_{23} + R_{2P} = 0$$

$$R_3 = R_{31} + R_{32} + R_{33} + R_{3P} = 0$$

为了方便，使用叠加原理，将各反力分解为如下方程：

$$\left.\begin{aligned} r_{11}Z_1 + r_{12}Z_2 + r_{13}Z_3 + R_{1P} = 0 \\ r_{21}Z_1 + r_{22}Z_2 + r_{23}Z_3 + R_{2P} = 0 \\ r_{31}Z_1 + r_{32}Z_2 + r_{33}Z_3 + R_{3P} = 0 \end{aligned}\right\} \tag{6-1}$$

式中 r_{11}、r_{21}、r_{31} 是基本结构只有刚结点1产生单位位移时，所引起的附加刚臂上的反力矩与附加链杆上的反力，如图6-6（c）所示。r_{12}、r_{22}、r_{32} 是基本结构只有刚结点2产生单位位移时，所引起的附加刚臂上的反力矩与附加链杆上的反力，如图6-6（d）所示。r_{13}、r_{23}、r_{33} 是基本结构只产生单位结点线位移时，附加刚臂上的反力矩与附加链杆上的反力，如图6-6（e）所示。R_{1P}、R_{2P}、R_{3P} 为基本结构只在荷载作用下，在刚臂上产生的反力矩和链杆上产生的反力，如图6-6（f）所示。

式中系数的求解可借助表6-1，分别绘出基本结构只有单位位移 $\overline{Z_1}=1$，$\overline{Z_2}=1$，$\overline{Z_3}=1$ 及只有荷载作用的弯矩图 $\overline{M_1}$，$\overline{M_2}$，$\overline{M_3}$，和 M_P。如图6-5（c）、（d）、（e）、（f）所示，由 $\sum M = 0$ 和 $\sum X = 0$，得

$$r_{11} = 48 \quad r_{12} = 48 \quad r_{13} = -4.5 \quad R_{1P} = -33.8\ \text{kN}\cdot\text{m}$$

$$r_{21} = 18 \quad r_{22} = 60 \quad r_{23} = -6 \quad R_{2P} = 33.8\ \text{kN}\cdot\text{m}$$

$$r_{31} = 4.5 \quad r_{32} = -6 \quad r_{33} = -4.25 \quad R_{3P} = 0$$

将所得系数代入方程，解得

$$Z_1 = 1.02 \qquad Z_2 = -0.884 \qquad Z_3 = -0.17$$

即结点1顺时针方向转动，结点2逆时针方向转动，结点3水平向左移动。最终由 $M = \overline{M_1}Z_1 + \overline{M_2}Z_2 + \overline{M_3}Z_3 + M_P$ 算得杆端弯矩，利用叠加画出弯矩图，由图6-5（g）所示。将方程式（6-1）推广到有 n 个基本未知量的结构中，可建立 n 个方程：

$$\left.\begin{aligned}
r_{11}Z_1+r_{12}Z_2+\cdots+r_{1i}Z_i+\cdots+r_{1n}Z_n+R_{1P}=0\\
r_{21}Z_1+r_{22}Z_2+\cdots+r_{2i}Z_i+\cdots+r_{2n}Z_n+R_{2P}=0\\
\vdots\\
r_{i1}Z_1+r_{i2}Z_2+\cdots+r_{ii}Z_i+\cdots+r_{in}Z_n+R_{iP}=0\\
\vdots\\
r_{n1}Z_1+r_{n2}Z_2+\cdots+r_{ni}Z_i+\cdots+r_{nn}Z_n+R_{nP}=0
\end{aligned}\right\} \tag{6-2}$$

这就是一般情况下位移法的典型方程。位移法典型方程的物理意义是：基本结构在荷载及各结点位移等因素共同影响下，每一个附加联系中的反力矩或附加反力都等于零。位移法典型方程的实质是静力平衡方程。

6.3 位移法的计算步骤与示例

6.3.1 计算步骤

通过上述的详细介绍，归纳出位移法的具体计算步骤如下：

（1）确定基本未知量；

（2）建立各杆转角位移方程——用基本未知量和荷载表示杆端力；

（3）利用弯矩平衡或剪力平衡建立位移法方程；

（4）解方程求位移；

（5）代求杆端弯矩；

（6）作内力图。

6.3.2 连续梁

【例6-1】 试用位移法求作图6-7（a）所示的连续梁的弯矩图。

解：（1）确定基本未知量和基本结构

该连续梁只有一个刚结点 B，设未知角位移为 Z_1，在 B 处添加附加刚臂就得到了基本结构，如图6-7（b）所示。

（2）建立位移法典型方程

此连续梁位移法的典型方程为：

$$r_{11}Z_1+R_{1P}=0$$

（3）求系数

可先画出基本结构只有 $\overline{Z_1}=1$ 发生时的弯矩图 $\overline{M_1}$，然后画出基本结构只有荷载作用的弯矩图 M_P，从这两个弯矩图中分别取出带有附加刚臂结点 B 的隔离体，如图6-7（c）、（d）所示，再由结点力矩平衡条件 $\sum M_B=0$ 可得

$$r_{11}=7i,\qquad R_{1P}=\frac{1}{8}Pa-\frac{1}{8}qa^2$$

将 r_{11}、R_{1P}代入典型方程得

$$7iZ_1+\frac{1}{8}Pa-\frac{1}{8}qa^2=0$$

由此解得

$$Z_1=-\frac{1}{56i}\ (Pa-qa^2)$$

（4）绘制内力图

在算得角位移后，可绘制内力图。这里绘制的是 $P=\frac{3}{2}ql$ 时的内力图，这时 $Z_1=\frac{1}{112i}qa^2$，负号表示刚结点 B 的转动方向与假设相反。

绘制弯矩图时，可先由 $M=Z_1\overline{M}+M_P$ 算得各杆端的弯矩

$$M_{AB}=-\frac{23}{112}qa^2 \qquad M_{BA}=\frac{17}{112}qa^2$$

$$M_{BC}=-\frac{17}{112}qa^2 \qquad M_{CB}=0$$

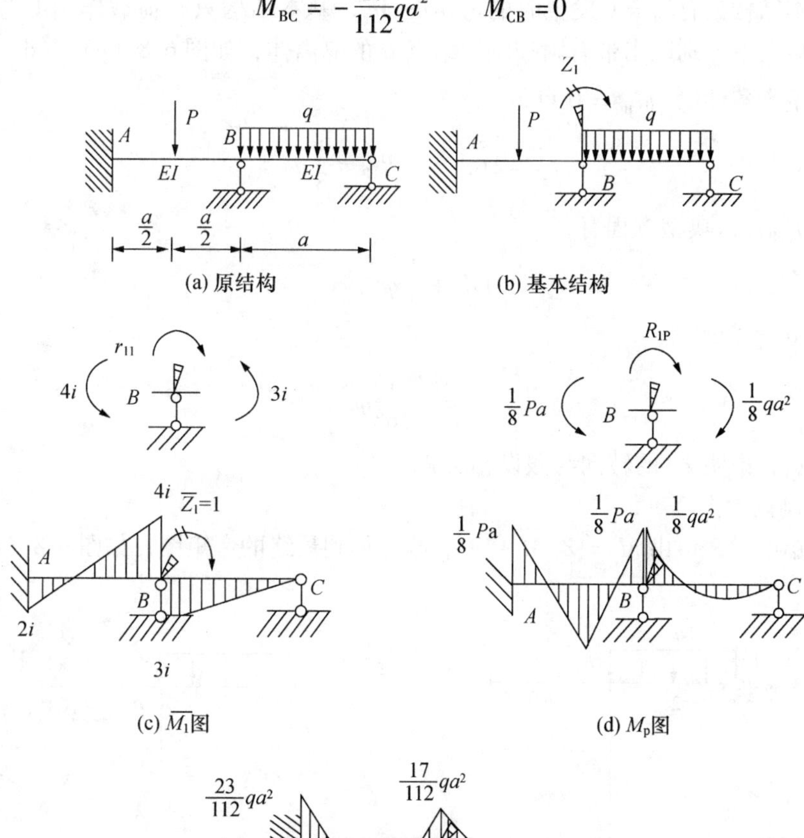

图 6-7　例 6-1 用题

把杆端弯矩画在杆件受拉一侧，再叠加上荷载作用下的弯矩图，得到最终的连续梁的弯矩图，如图6-7（e）所示。

6.3.3 无侧移刚架

【**例6-2**】试用位移法计算图6-8（a）所示刚架的弯矩图。

解：（1）确定基本未知量和基本结构

该刚架只有一个刚结点B，设未知角位移为Z_1，在B处添加附加刚臂就得到了基本结构，如图6-8（b）所示。

（2）建立位移法典型方程

此连续梁位移法的典型方程为：

$$r_{11}Z_1+R_{1P}=0$$

（3）求系数

画出基本结构只有$\overline{Z_1}=1$发生时的弯矩图$\overline{M_1}$，基本结构只有荷载作用的弯矩图M_P，从这两个弯矩图中分别取出带有附加刚臂结点B的隔离体，如图6-8（c）、（d）所示，再由结点力矩平衡条件$\sum M_B=0$可得

$$r_{11}=21,\qquad R_{1P}=\frac{1}{8}qa^2$$

将r_{11}、R_{1P}代入典型方程有

$$21Z_1+\frac{1}{8}qa^2=0$$

由此解得

$$Z_1=-\frac{1}{168}qa^2$$

结果为负，说明Z_1的转向与假设相反。

（4）绘制内力图

绘制弯矩图时，可由$M=Z_1\overline{M}+M_P$，叠加得到最终的弯矩图，如图6-8（e）所示。

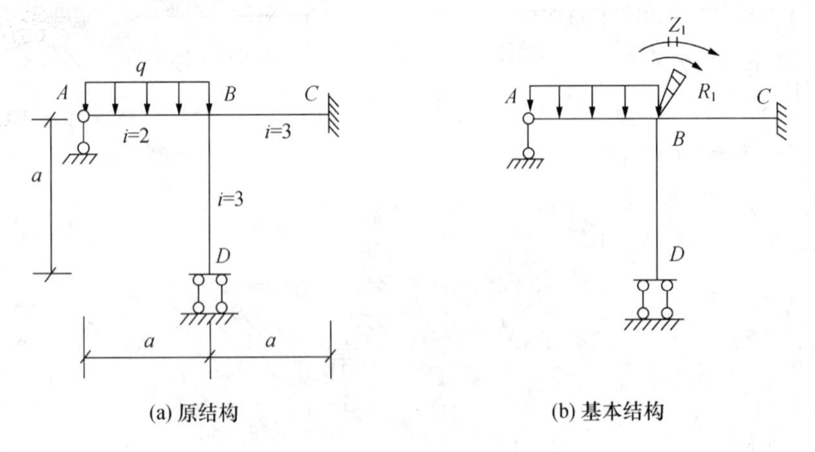

(a) 原结构　　(b) 基本结构

图6-8　例6-2用图

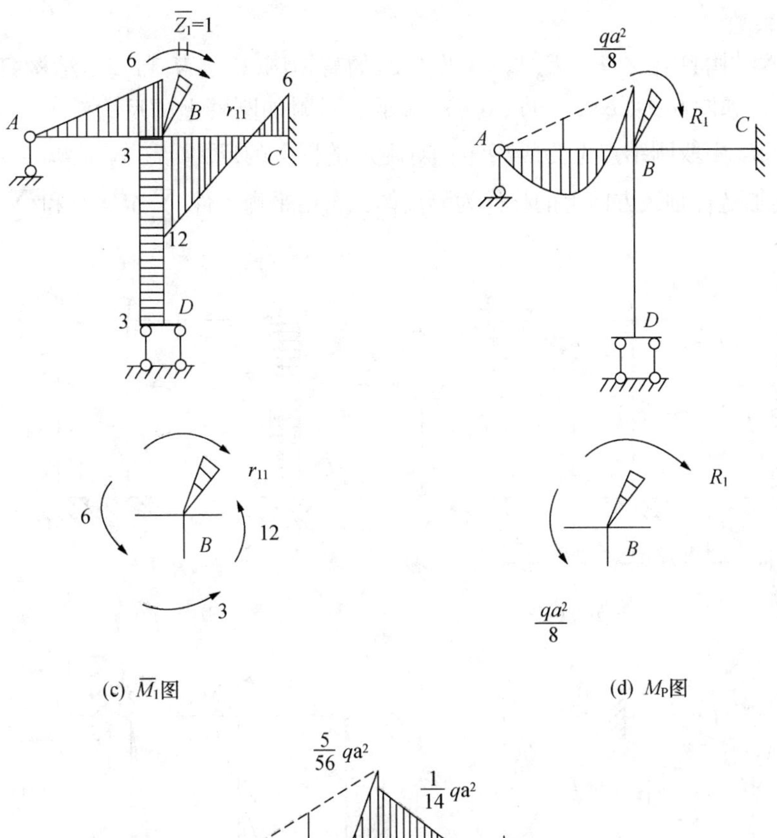

(c) $\overline{M}_1$图　　　　(d) M_P图

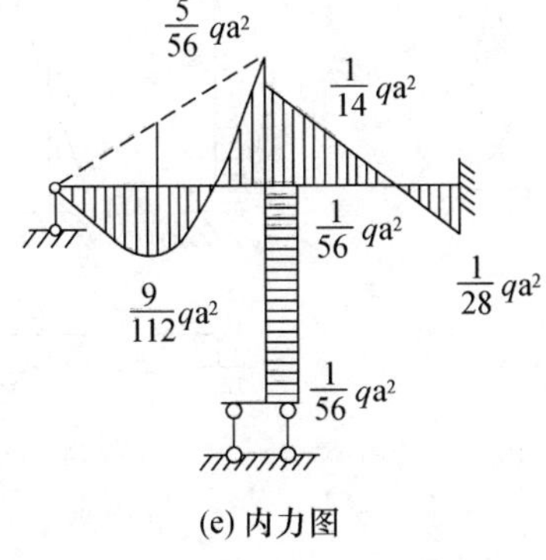

(e) 内力图

图 6-8　例 6-2 用图（续）

6.3.4　有侧移刚架

【**例 6-3**】用位移法计算图 6-9（a）所示刚架的弯矩图。

解：（1）确定基本未知量和基本结构

该刚架只有一个刚结点 1，设未知角位移为 Z_1，在 1 处添加附加刚臂；另外，设结点 2 的水平位移为 Z_2，在该处加一水平链杆就得到了基本结构，如图 6-9（b）所示。

（2）建立位移法典型方程

此连续梁位移法的典型方程为：

$$r_{11}Z_1 + r_{12}Z_2 + R_{1P} = 0$$
$$r_{21}Z_1 + r_{22}Z_2 + R_{2P} = 0$$

（3）求系数

画出基本结构只有 $\overline{Z_1}=1$ 及 $\overline{Z_2}=1$ 发生时的弯矩图 $\overline{M_1}$、$\overline{M_2}$ 和基本结构只有荷载作用的弯矩图 M_P，如图6-9（c）、（d）、（e）所示。对附加刚臂上的反力矩 r_{11}、r_{12}、R_{1P}，可从 $\overline{M_1}$、$\overline{M_2}$ 和 M_P 中取刚结点1为隔离体；对附加链杆上的反力 r_{21}、r_{22}、R_{2P}，可从 $\overline{M_1}$、$\overline{M_2}$ 和 M_P 中取附加链杆轴线方向上的杆件为隔离体；再由平衡条件 $\sum M=0$ 和 $\sum X=0$，可得

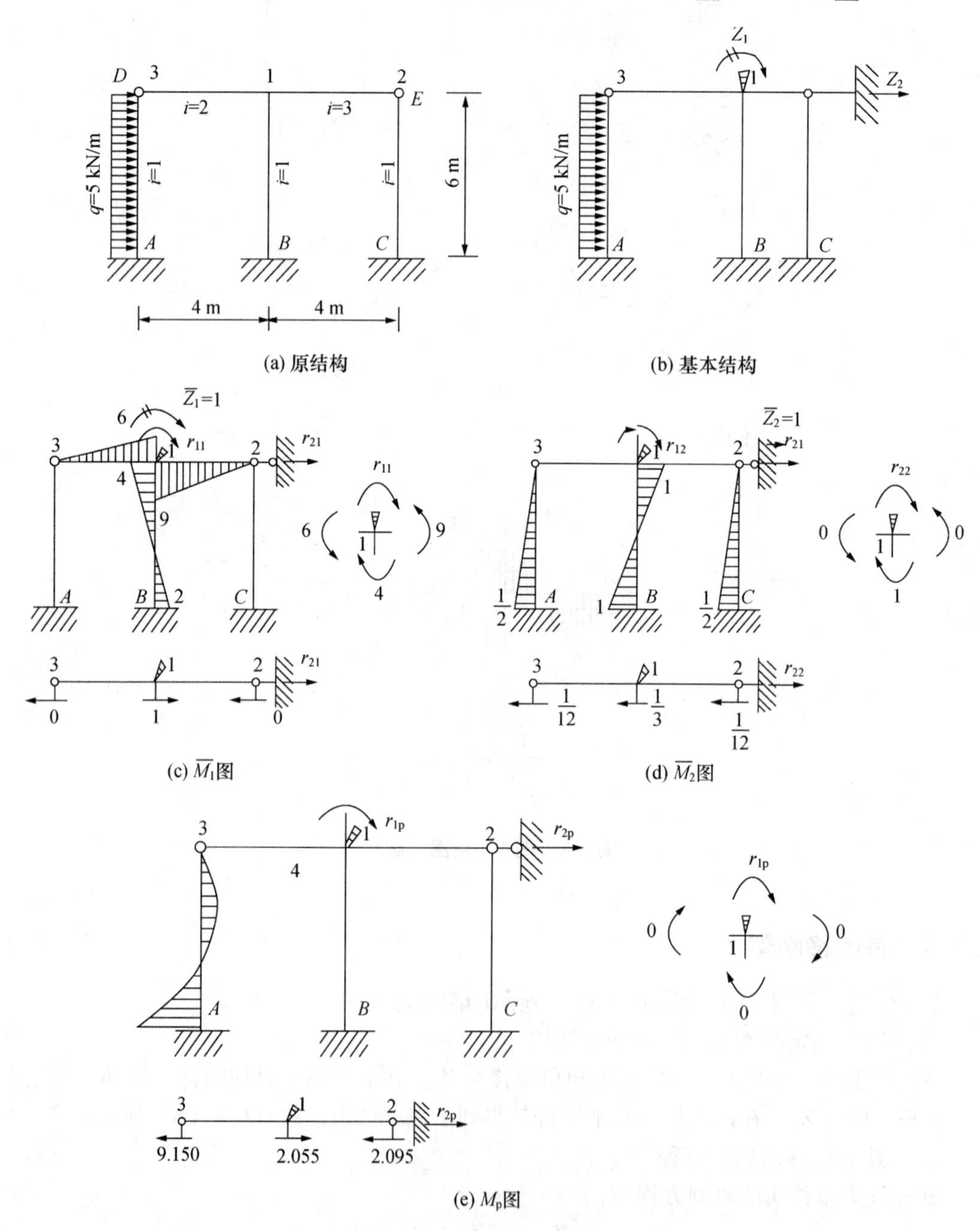

图6-9 例6-3 用图

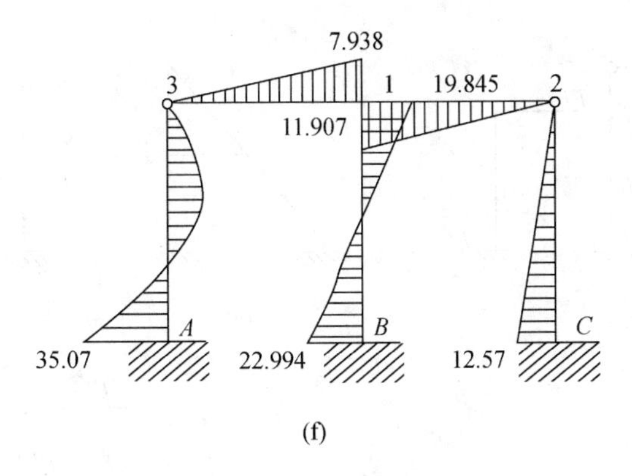

(f)

图6-9　例6-3用图（续）

$$r_{11}=19,\qquad r_{12}=-1,\qquad R_{1P}=0$$

$$r_{21}=19,\qquad r_{22}=\frac{1}{2},\qquad R_{2P}=-\frac{3}{8}ql$$

代入典型方程有

$$19Z_1-Z_2+0=0$$

$$-Z_1+\frac{1}{2}Z_2-\frac{3}{8}ql=0$$

由此解得

$$Z_1=0.0441ql,\ Z_2=0.838ql$$

结果为正，说明实际位移方向与所设位移方向相同。

（4）绘制内力图

绘制弯矩图时，可由 $M=Z_1\overline{M_1}+Z_2\overline{M_2}+M_P$，叠加得到最终的弯矩图，如图6-9（f）所示。

思考题

1. 力法与位移法的区别是什么？
2. 位移法中的基本未知量有哪两类？如何确定两类基本未知量的数目？
3. 怎样建立位移法的基本结构？
4. 如何理解位移法典型方程的物理意义。
5. 位移法典型方程中的系数是什么意义？如何求解？
6. 简述位移法解题的步骤。
7. 求解同一超静定结构选择力法好还是选择位移法好的依据是什么？

习　题

1. 判断图6-10所示结构用位移法计算时基本未知量的数目。

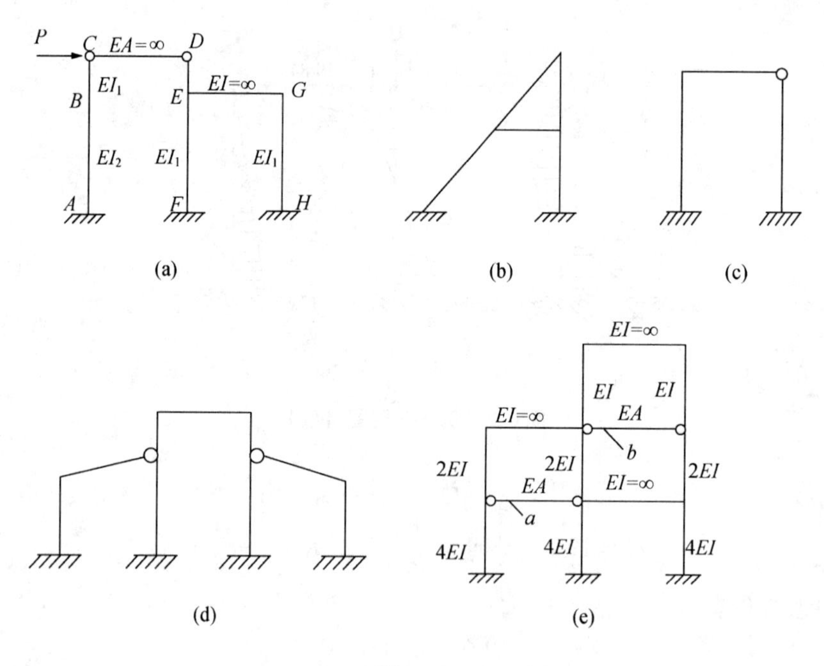

图 6-10

2. 用位移法计算图 6-11 所示刚架的弯矩图。

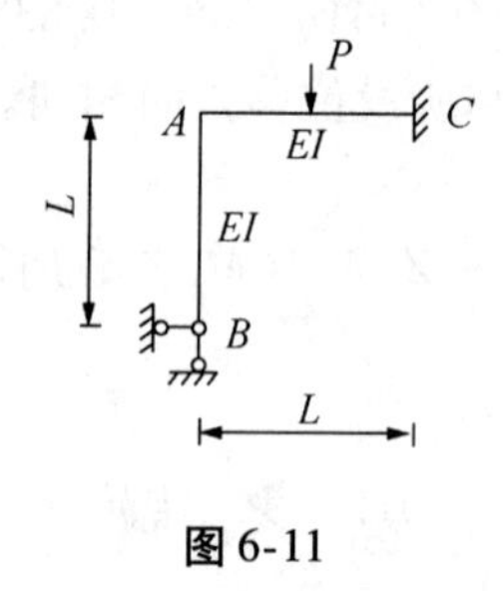

图 6-11

3. 用位移法计算图 6-12 所示刚架的弯矩图。

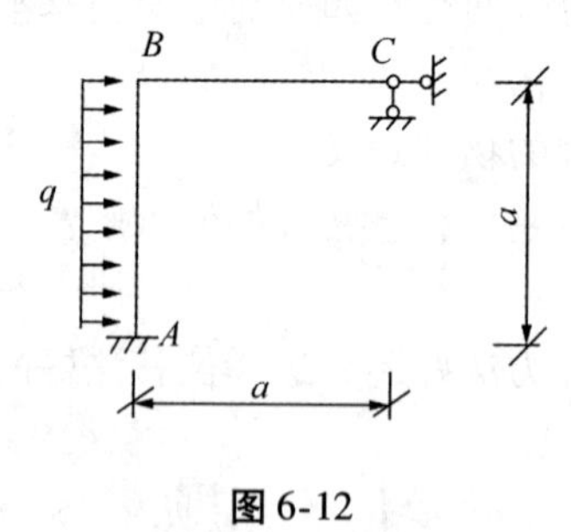

图 6-12

4. 用位移法计算图6-13所示刚架的弯矩图。

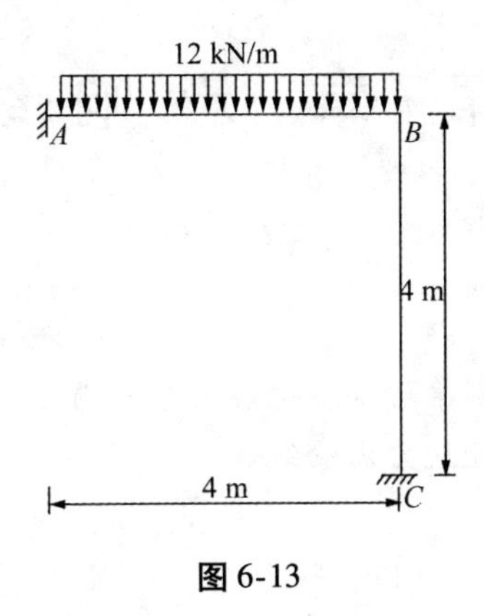

图6-13

5. 用位移法计算图6-14所示刚架的弯矩图。

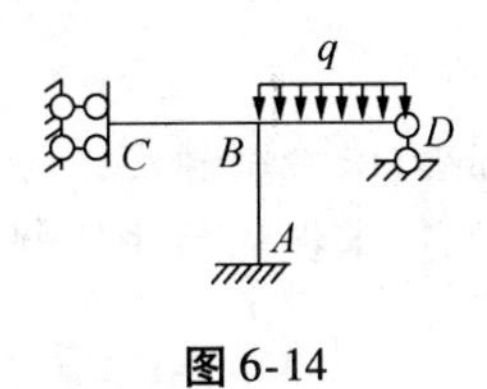

图6-14

6. 用位移法计算图6-15所示刚架的弯矩图。

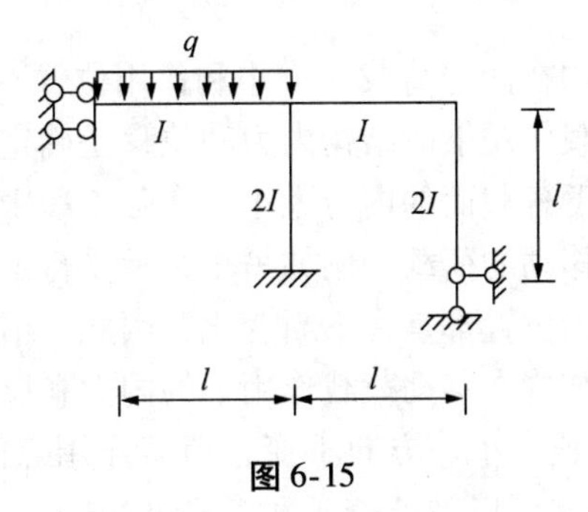

图6-15

第7章 影 响 线

主要内容

影响线的概念；静力法绘制单跨或多跨静定梁的内力和支座反力的影响线；机动法绘制单跨或多跨静定梁内力或支座反力影响线。

学习重点

静力法绘制单跨和多跨静定梁的内力和支座反力的影响线。

学习要求

熟练掌握影响线的概念；理解静力法绘制静定梁影响线的方法，并能运用静力法正确绘制静定梁内力或支座反力的影响线。掌握机动法绘制单跨静定梁的基本方法，了解机动法绘制多跨静定梁影响线的方法。

7.1 影响线的概念

前面我们讨论了静定结构在固定荷载（大小和作用位置不变）作用下结构反力和内力以及位移的计算。在固定荷载作用下的结构内力和位移是确定的，如果知道了结构的内力图，就可以求出该荷载作用下各截面的内力大小。实际工程中荷载并不都是固定荷载，还存在一类荷载，是在结构上移动的荷载，例如吊车梁承受行走的吊车荷载，桥梁上承受行驶的车辆荷载等，这类荷载的位置都是在不断变化，因此，结构所承受的内力和反力也是不断变化的。本章就是研究结构在移动荷载作用下的内力和反力的变化规律。

所谓移动荷载就是指荷载大小、方向不变，荷载作用点随时间改变，结构所产生加速度的反应与静荷载反应相比可以忽略，这种特殊的作用荷载称移动荷载（例如吊车、车辆等）。这类荷载的作用特点是结构的反应（反力、内力等）随荷载作用位置而改变。

工程中的移动荷载是多种多样的，不可能针对每一个结构在各种移动荷载作用下产生的效果进行一一的分析，研究移动荷载对结构各种力学物理量的变化规律。一般只需研究具有典型意义的一个竖向单位集中荷载 $F_P=1$ 沿结构移动时，某一量值（内力、支反力等）的变化规律，再利用叠加原理，求出移动荷载对结构某一量值的影响。

影响线是研究移动荷载作用的基本工具，下面举例说明影响线的概念。

【例7-1】 图7-1所示一简支梁 AB 作用有一单位竖向移动荷载 $F_P=1$，以 A 点为坐标原点，用 x 表示单位移动荷载距原点的距离。

现在讨论 A 点支座反力 F_{RA} 随移动荷载位置 x 变化的规律。

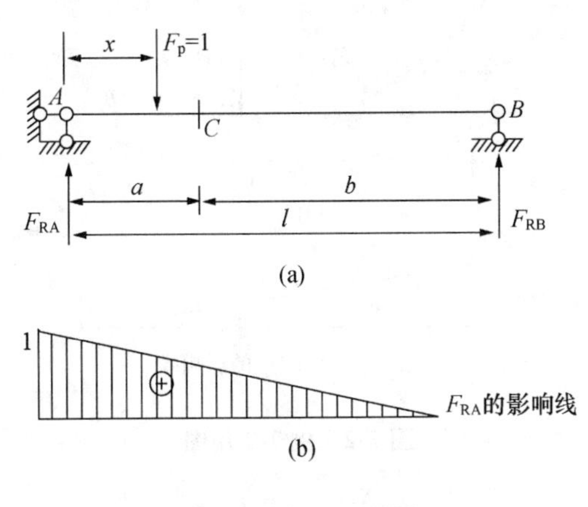

图7-1　例7-1用图

当荷载 $F_P=1$ 作用在任一点 C，对 B 点取矩建立平衡方程得：

$$\sum M_B=0,\ F_{RA}\times l-F_P\times(l-x)=0$$

$$F_{RA}=\frac{l-x}{l}F_P \qquad (0\leqslant x\leqslant l) \tag{7-1}$$

在式（7-1）中，当 F_P 的大小一定时，支座反力 F_{RA}的大小与比例系数 $\frac{l-x}{l}$ 成正比，若令 $F_P=1$，则 A 点的支座反力记为 $\overline{F}_{RA}$：

$$\overline{F}_{RA}=\frac{l-x}{l} \qquad (0\leqslant x\leqslant l) \tag{7-2}$$

$\overline{F}_{RA}$ 为移动荷载作用下支座反力 F_{RA}的影响系数，它在数值上等于 $F_P=1$ 作用时 A 点支座反力的大小。

由公式7-1可知，A 点支座反力 $\overline{F}_{RA}$ 是关于单位移动荷载 $F_P=1$ 在结构上的移动位置 x 的一次函数，任意找出两点即可绘制如图7-1（b）所示的函数曲线。

式7-2又称为支座反力 F_{RA}的影响线方程，其相应的图形称为 F_{RA}的影响线。影响线的横坐标 x 表示移动荷载的位置，纵坐标表示荷载作用在此位置时 F_{RA}的大小。F_{RA}的影响线明确了支座反力 F_{RA}随着单位移动荷载 $F_P=1$ 的移动而变化的规律，当 $F_P=1$ 在简支梁上自左向右移动时，A 点支座反力由最大值1逐渐减小到0。

由此，我们定义影响线为：单位移动荷载作用下，结构上某一量值 Z（支座反力或某指定截面的弯矩、剪力和轴力等）的变化规律的图形称为该量值 Z 的影响线。

如果已知某量的影响线，应用叠加原理能求出在多个移动荷载共同作用下该量的值。

【例7-2】若求图7-2（a）所示简支梁的支座反力 F_{RA}。

先绘制支座反力 F_{RA}的影响线如图7-2（b）所示，其中 y_1、y_2 分别表示单位移动荷载 $F_P=1$ 移动到荷载 F_{P1}、F_{P2}所在位置是产生的 A 点支座反力的大小，根据叠加原理即可求出在荷载 F_{P1}、F_{P2}作用下 A 点的支座反力。

$$F_{RA}=F_{P1}y_1+F_{P2}y_2$$

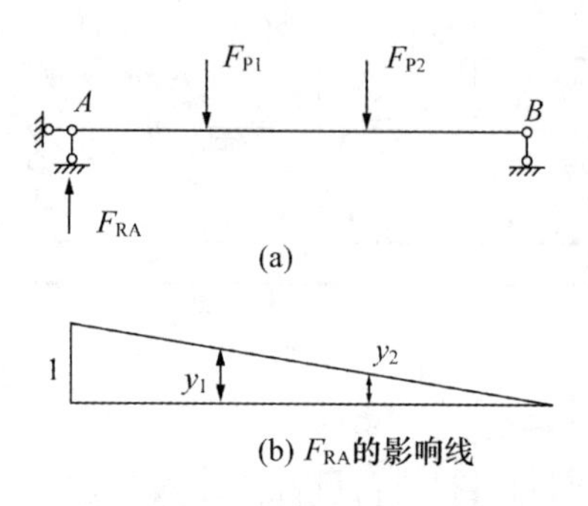

图 7-2　例 7-2 用图

注意：影响线是一个从移动荷载位置变化引起结构受力变化的特点来考虑的全新内容，要注意与前面的所学内力图的内容相区别。

7.2　单跨静定梁的影响线

绘制影响线的方法主要有两种：静力法和机动法。静力法做影响线主要是以荷载作用位置 x 为变量，根据静力平衡条件建立某量值 Z（支座反力和结构内力：弯矩、剪力、轴力）的静力平衡方程，求出 Z 的影响线方程并根据方程绘制影响线，这种方法叫做静力法。

机动法（虚功法）做结构的影响线是将刚体的虚功原理引入到影响线的概念中，将静定结构的支座反力和内力影响线的静力问题转化为位移图的几何问题，能大大简化影响线的绘制，这种方法称为机动法。

下面我们将分别讨论静力法和机动法绘制单跨静定梁的影响线。

7.2.1　静力法做单跨静定梁的影响线

1. 支座反力的影响线

首先研究如何确定图 7-3（a）所示简支梁支座反力的影响线。以梁的支座 A 为原点，以移动荷载 $F_P=1$ 的作用点到 A 的距离 x 为变量。由图可知，当荷载由一端 A 移到另一端 B 时，变量 x 由 0 变到 l。由力矩的平衡方程求支反力的大小：

$$\sum M_B = 0 \qquad F_{RA}l - F_P(l-x) = 0$$

$$F_{RA} = \frac{(l-x)}{l}F_P \qquad (0 \leqslant x \leqslant l) \tag{7-1}$$

$$\sum M_A = 0 \qquad F_{RB}l + F_Px = 0$$

$$F_{RB} = -\frac{x}{l}F_P \qquad (0 \leqslant x \leqslant l) \tag{7-2}$$

上两式就是简支梁支座反力的影响线方程，由方程可知，支座反力的影响线是一条直线。利用函数关系即可绘制支座反力影响线如图 7-3（b）、（c）所示。

支座反力的影响线的量纲为［1］。

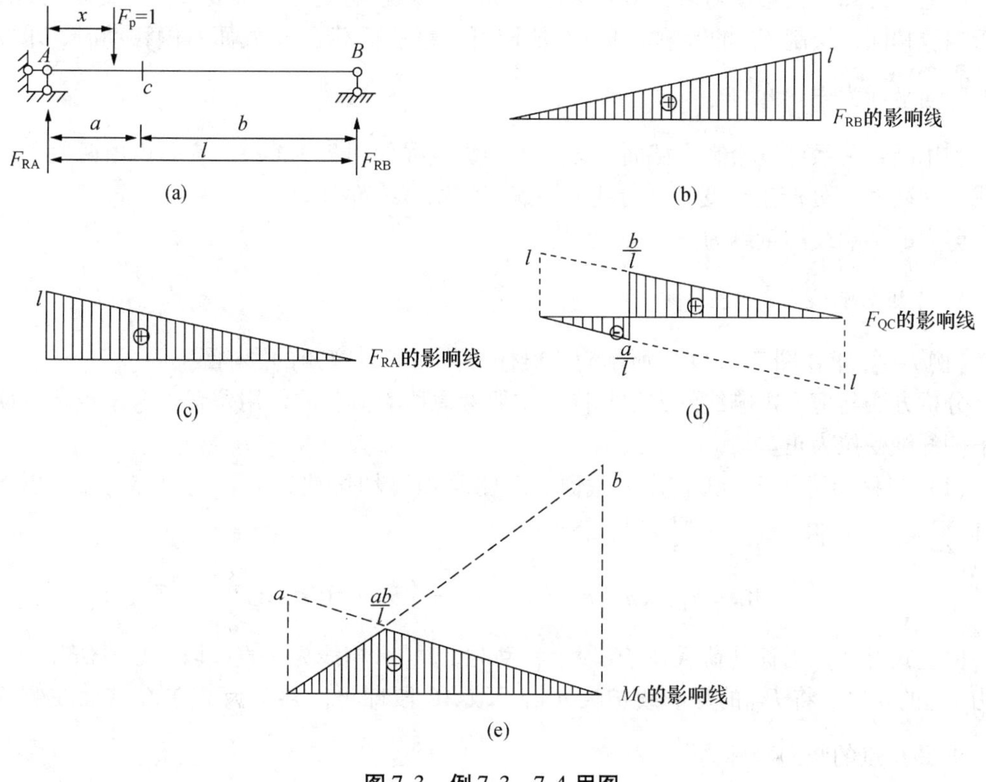

图 7-3　例 7-3、7-4 用图

2. 剪力影响线

【**例 7-3**】计算如图 7-3（a）所示任意截面 C 处的剪力的影响系数，并做出剪力影响线。

由于移动荷载有可能在截面的左侧，也可能在截面的右侧，因此，应对以上两种情况分别进行考虑。剪力的正负号规定同前。

（1）当移动荷载 $F_P=1$ 作用在截面的左侧即 AC 段时，为了计算方便可取 CB 段为研究对象，由平衡条件 $\sum Y=0$ 得：

$$F_{QC}=F_{RB}=-\frac{x}{l}\qquad(0\leqslant x<a)\tag{7-3}$$

由上式可知，当移动荷载在 AC 段上移动时，F_{QC}影响线为一直线段，与支座反力 F_{RB} 的影响线数值相同，符号相反。将 F_{RB}的影响线反号后取 AC 段即可。移动荷载在 C 截面左侧移动时，求得 C 点的竖向坐标为 $-\frac{a}{l}$。

（2）当移动荷载 $F_P=1$ 作用在截面的右侧即 CB 段时，为了计算方便可取 AC 段为研究对象，由平衡条件 $\sum Y=0$ 得：

$$F_{QC}=F_{RA}=\frac{l-x}{l}\qquad(a\leqslant x\leqslant l)\tag{7-4}$$

由上式可知，当移动荷载在 CB 段上移动时，F_{QC}影响线为一直线段，与支座反力 F_{RA} 的影响线相同，绘制 F_{RA}的影响后取 CB 段即可。移动荷载在 C 截面右侧移动时，求得 C 点的竖向坐标为$\frac{b}{l}$。

利用函数关系可以绘制出截面 C 处剪力的影响线如图 7-3（c）。它是由由两段平行线组成，在截面 C 处产生突变，平行线的端点应注意虚线部分。

剪力的影响线的量纲为［1］。

3. 弯矩影响线

【**例** 7-4】求作图 7-3（a）所示简支梁任意截面 C 处弯矩的影响线。

分析方法与剪力影响线的方法相同，主要考虑移动荷载的作用位置。弯矩规定以使梁的下侧纤维受拉为正。

（1）当移动荷载 $F_P=1$ 作用在截面的左侧即 AC 段时，取 CB 段为研究对象，由平衡条件 $\sum M_C=0$ 得：

$$M_C=F_{RA}\times a-F_P\ (a-x)\ =\frac{x}{l}b\qquad(0\leqslant x\leqslant a)$$

由上式可知，当移动荷载在 AC 段上移动时，M_C 影响线为一直线段，数值仿等于支座反力 F_{RB}的 b 倍。将 F_{RB}的影响线扩大 b 倍后取 AC 段即可。移动荷载在 C 截面左侧移动时，求得 C 点的竖向坐标为$\frac{ab}{l}$。

（2）当移动荷载 $F_P=1$ 作用在截面的右侧即 CB 段时，取 AC 段为研究对象，由平衡条件 $\sum M_C=0$ 得：

$$M_C=F_{RA}\times a=\frac{l-x}{l}a\qquad(a\leqslant x\leqslant l)\tag{7-5}$$

由上式可知，当移动荷载在 CB 段上移动时，M_C 影响线为一直线段，数值仿等于支座反力 F_{RA}的 a 倍。将 F_{RA}的影响线扩大 a 倍后取 CB 段即可。移动荷载在 C 截面右侧移动时，求得 C 点的竖向坐标为$\frac{ab}{l}$。

利用函数关系可以绘制出截面 C 处弯矩的影响线如图 7-3（d）。它是由两段直线组成，形成一个三角形，在截面处形成一个极大值，说明移动荷载移动到截面 C 时，C 截面的弯矩最大。

弯矩的影响线的量纲为［l］。

4. 内力影响线和内力图的比较

如前面所讲，内力影响线和内力图都是表示某个量值的变化曲线，为了进一步理解影响线的概念，有必要将 M_C 的影响线和单位荷载作用在截面 C 处时梁的弯矩图做一对比。如图 7-4 所示，图 7-4（a）、（b）表示单位移动荷载作用下的 C 截面的 M_C 影响线，图 7-4

(c)、(d) 表示单位荷载作用在 C 截面处梁的弯矩图 M_C，二者主要区别如下：

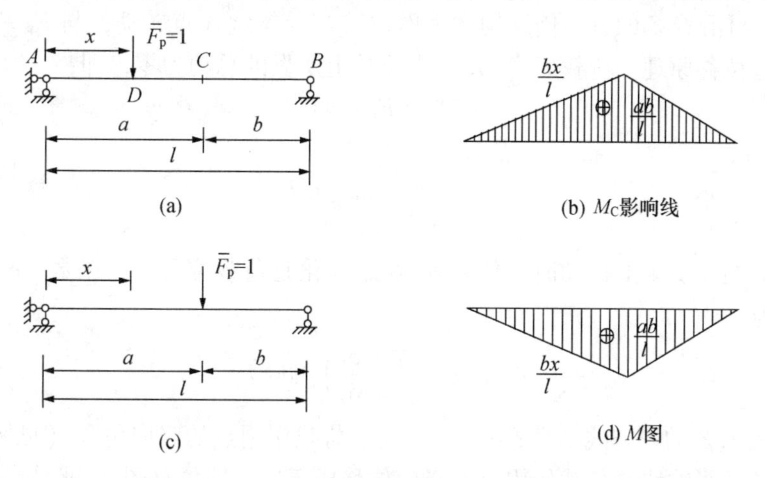

图 7-4　内力影响线和内力图的比较

(1) 荷载性质不同。影响线的荷载是移动荷载，内力图的荷载是作用在 C 点的恒载。

(2) 任意点的纵坐标意义不同。如图任意点 D 在 M_C 影响线中的纵坐标表示移动荷载作用在 D 点时截面 C 的弯矩值，而内力图表示的是荷载作用在 C 截面时 D 点的弯矩值。

(3) 函数自变量 x 意义不同。M_C 影响线表示梁中指定截面 C 上的弯矩随着移动荷载的作用位置的变化而变化的规律图，这里的 x 表示的是移动荷载所在的位置。而弯矩图表示的是在位置固定的荷载作用下不同截面上的内力变化规律图，这里的 x 表示的是内力截面所在的位置。

7.2.2　机动法做单跨静定梁的影响线

由前面静力法做影响线可知，静定梁的影响线都是由直线组成的几何图形。而对于有些问题往往要知道影响线的轮廓形状，如何快速准确地画出影响线，是本节主要解决的问题。机动法就是引入虚功原理将影响线的静力问题转化为位移图的几何问题的快速做影响线的一种方法。

1. 机动法做影响线的基本概念

【例 7-5】用机动法作图 7-5 (a) 所示简支梁支座 B 反力 Z 的影响线。

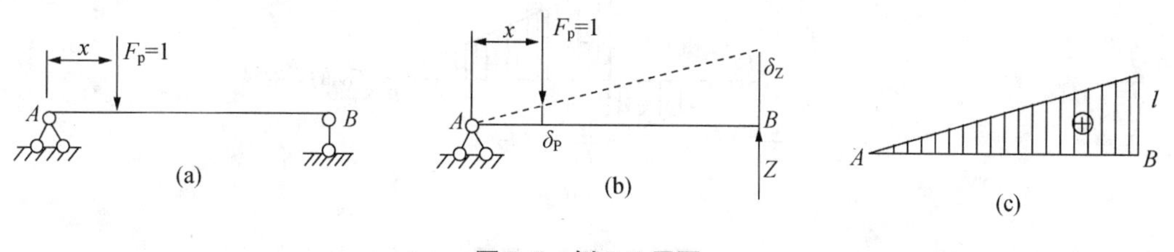

图 7-5　例 7-5 用图

为了求 Z 的影响线，先将支座 B 处的竖向支杆去掉，用未知量 Z 代替，使结构成为几何可变体，再沿着 Z 的方向使结构产生虚位移 δ_Z，梁绕 A 点转动，与 F_P 相对应的虚位移为 δ_P，由虚位移原理，荷载 F_P 和 Z 在虚位移上所做的总功为零，即：

$$Z\delta_Z + F_P\delta_P = 0$$

于是：

$$\overline{Z} = -\frac{\delta_P}{\delta_Z}F_P$$

当 $F_P=1$ 在简支梁上移动时，位移 δ_P 随之变化是荷载位置 x 的函数。δ_Z 为常量。则上式可表示为：

$$\overline{Z}(x) = \left(-\frac{\delta_P}{\delta_Z}\right)\delta_P(x) \tag{7-6}$$

$\overline{Z}(x)$ 表示 Z 的影响线函数；$\delta_P(x)$ 表示荷载作用点的竖向位移（见图 7-5（b））。由此，可得 Z 的影响线与荷载作用点的竖向位移成正比，即位移图 δ_P 就是影响线的轮廓。当 $\delta_Z=1$ 时，就得到图 7-5（c）在形状和数值上完全确定的影响线。当 δ_Z 为正时，Z 与 δ_P 的正负号正好相反，以 δ_P 向下为正。因此，位移图在横坐标轴的上方，影响系数为正。

2. 机动法做单跨静定梁的内力影响线

【例 7-6】作图 7-6（a）所示简支梁 C 点的弯矩 M_C 的影响线。

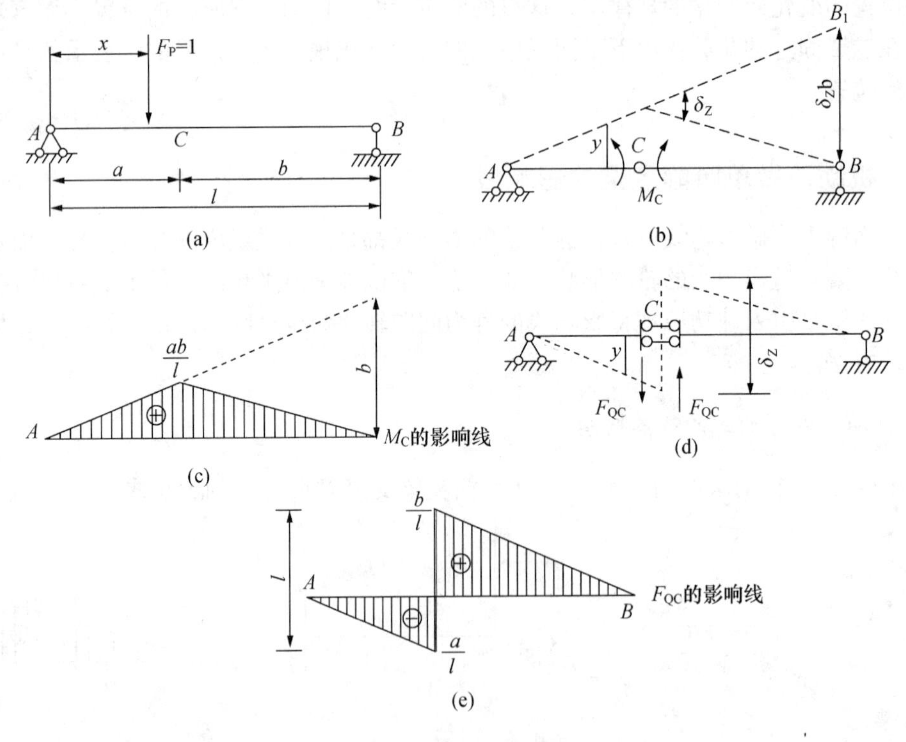

图 7-6　例 7-6 用图

先撤去截面 C 的相应约束，即由刚结点转为铰结点，并在截面 C 的两侧以等值反向的力偶 M_C 代替原约束。使机构沿力的正方向（使梁的下侧纤维受拉为正）发生虚位移，如图7-6（b）所示。由虚功原理得：

$$M_C\alpha + M_C\beta - F_P\delta_P = 0$$

则：

$$M_C = \frac{1}{\alpha+\beta}\delta_P = \frac{1}{\delta_Z}\delta_P$$

由于是微小变形，利用几何关系可知：

$$B\,B_1 = b\delta_Z$$

C 截面的竖向位移为：

$$\frac{ab}{l}\delta_Z$$

这样得到的位移图就是 C 截面弯矩的影响线的轮廓。为了求得影响系数的数值，将位移图中的数值除以 δ_Z，即得到图7-6（c）所示的影响线。

注意：这里的虚位移 δ_Z 是微小值，不能令其等于1弧度。

同样，求作 C 截面的剪力影响线时，先撤去与剪力相对应的约束，即由刚结点转变为定向支座，并由一对等值反向的剪力 F_{QC} 代替，使可动机构沿着剪力 F_{QC} 的正方向发生虚位移，C 截面处产生相对竖向位移 δ_Z，注意不发生相对转角和水平位移。如图7-6（d）所示。令 $\delta_Z=1$，由几何关系求得影响线的数值（见图7-6（e））。

3. 机动法作影响线的步骤

（1）撤去某量值Z所对应的约束，用未知量 Z 代替。

（2）使体系沿 Z 的正方向发生位移 δ_Z，得出荷载作用点的竖向位移图，由此可得出影响线的轮廓。

（3）令 $\delta_Z=1$，即可得影响线的数值。

（4）基线以上的图形影响系数为正，反之为负。

7.3　多跨静定梁的影响线

7.3.1　静力法做多跨静定梁的影响线

用静力法作多跨静定梁的影响线基本思路和单跨静定梁相同，但对于多跨静定梁，首先应分清其基本部分和附属部分及其传力关系，做出受力层次图，分析各层次的受力情况，再利用单跨静定梁的已知影响线，作出多跨静定梁的影响线。现举例说明。

【例7-7】 用静力法作图7-7（a）所示多跨静定梁的 F_{RA}、M_A、F_{RD}、M_K、F_{QK} 的影响线。

首先多跨静定梁进行受力分析，作出层次图见图7-7（b）所示。

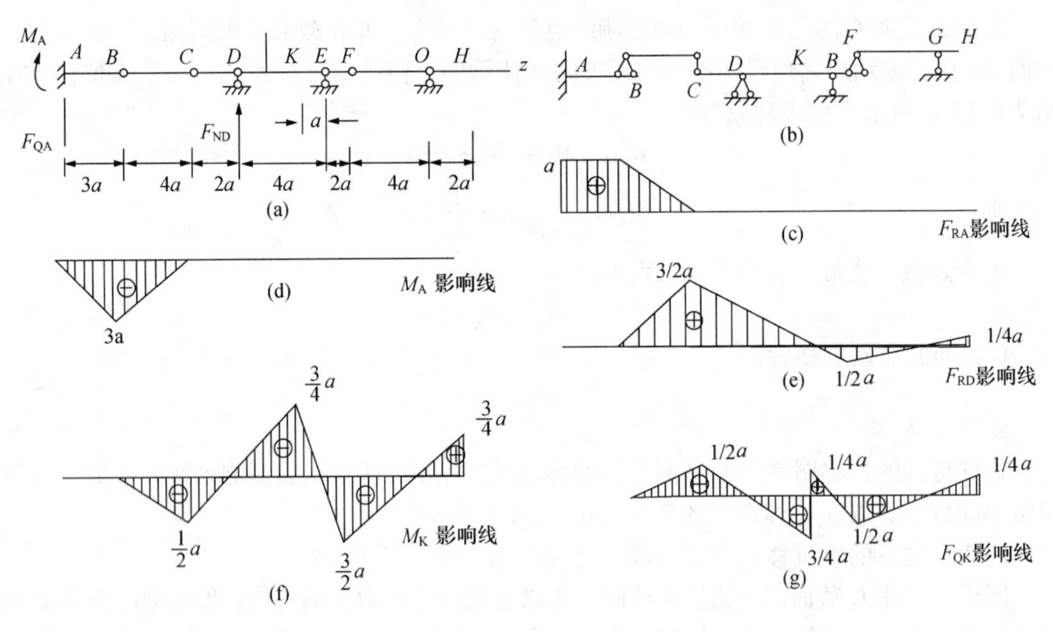

图 7-7 例 7-7 用图

1. F_{RA}、M_A 的影响线

当 $F_P=1$ 作用在 AB 部分，得：

$$F_{RA}=1,\ M_A=-x \qquad 0\leqslant x\leqslant 3a;$$

当 $F_P=1$ 作用在 BC 部分，得：

$$F_{RA}=F_{RB}=\frac{(7-x)}{4}=1 \qquad 3a\leqslant x\leqslant 7a$$

$$M_A=-F_{RB}\times 3a=-\frac{3(7-x)}{4} \qquad 3a\leqslant x\leqslant 7a$$

当 $F_P=1$ 作用在 CH 部分，得：

$$F_{RA}=0,\ M_A=0 \quad 7a\leqslant x\leqslant 21a$$

F_{RA}、M_A 的影响线如图 7-7（c）（d）。

2. F_{RD}影响线

当 $F_P=1$ 作用在 AB 部分，得：$F_{RD}=0 \qquad 0\leqslant x\leqslant 3a$

当 $F_P=1$ 作用在 BC 部分，得：$F_{RD}=\dfrac{F_{RC}\times 6a}{4a}=\dfrac{6}{4}\left(\dfrac{(x-3a)}{4a}\right) \qquad 3a\leqslant x\leqslant 7a$

当 $F_P=1$ 作用在 CF 部分，得：$F_{RD}=\dfrac{(13a-x)}{4a} \qquad 7a\leqslant x\leqslant 15a$

当 $F_P=1$ 作用在 FH 部分，得：$F_{RD}=-\dfrac{1}{2}F_{RF}=-\dfrac{1}{8}(19a-x) \qquad 15a\leqslant x\leqslant 21a$

F_{RD}影响线如图 7-7（e）。

3. M_K、F_{QK}的影响线

当 $F_P=1$ 作用在 AB 部分，得：

$$M_K=F_{QK}=0 \qquad 0\leqslant x\leqslant 3a$$

当 $F_P=1$ 作用在 BC 部分，得：

$$M_K=F_{RD}\times 3a-F_{RC}\times 5a=-\frac{1}{8}(x-3a) \qquad 3a\leqslant x\leqslant 7a$$

$$F_{QK}=F_{RD}-F_{RC}=\frac{1}{8}(x-3a) \qquad 3a\leqslant x\leqslant 7a$$

当 $F_P=1$ 作用在 CK 部分，得：

$$M_K=F_{RD}\times 3a-(12a-x)=-\frac{9}{4}+\frac{x}{4} \qquad 7a\leqslant x\leqslant 12a$$

$$F_{QK}=F_{RD}-a=\frac{1}{4}(13a-x)-a \qquad 7a\leqslant x\leqslant 12a$$

当 $F_P=1$ 作用在 KF 部分，得：

$$M_K=F_{RD}\times 3a=\frac{3}{4}(13a-x) \qquad 12a\leqslant x\leqslant 15a$$

$$F_{QK}=F_{RD}=\frac{1}{4}(13a-x) \qquad 12a\leqslant x\leqslant 15a$$

当 $F_P=1$ 作用在 FH 部分，得：

$$M_K=F_{RD}\times 3a=-\frac{3}{8}(19a-x) \qquad 15a\leqslant x\leqslant 21a$$

$$F_{QK}=F_{RD}=-\frac{1}{8}(19a-x) \qquad 15a\leqslant x\leqslant 21a$$

M_K、F_{QK}的影响线如图 7-7（f）（g）。

7.3.2 机动法做多跨静定梁的影响线

多跨静定梁的影响线一般是由多条直线段组成的折线形，前面介绍的静力法做多跨静定梁比较麻烦，通常采用机动法能很快得到所要绘制的影响线。下面举例说明。

【例 7-8】用机动法作图 7-8（a）所示的两跨静定梁的 F_{RB}、F_{QD}、F_{QE}、M_C 影响线。

1. F_{RB}影响线

去除与 F_{RB}相对应的约束——支杆 B，以约束反力 F_{RB}代替，然后沿其正方向发生单位虚位移 $\delta_B=1$ 如图 7-8（b）。此时 DC 水平向上移动，AD 绕铰 A 转动形成的虚线位移即为 F_{RB}的影响线，如图 7-8（c）。

2. F_{QD}、F_{QE}的影响线

由于 D 点和 E 点的约束不同，故拆除 D 点约束用以水平连杆代替，而 E 点用滑动支座，并用一对剪力代替如图 7-8（d）和 7-8（f），分别沿剪力正方向发生单位位移得到如

图的虚位移图，即为剪力 F_{QD}、F_{QE}影响线，如图7-8（e）和7-8（g）。

3. M_C 影响线

将截面 E 的约束去掉，即把刚结点变为铰结点，并用一对力偶 M_C 代替，如图7-8（h）。使 E 截面两侧发生等于1的相对转角。所得到的虚位移图即为 M_C 影响线如图7-8（i）。

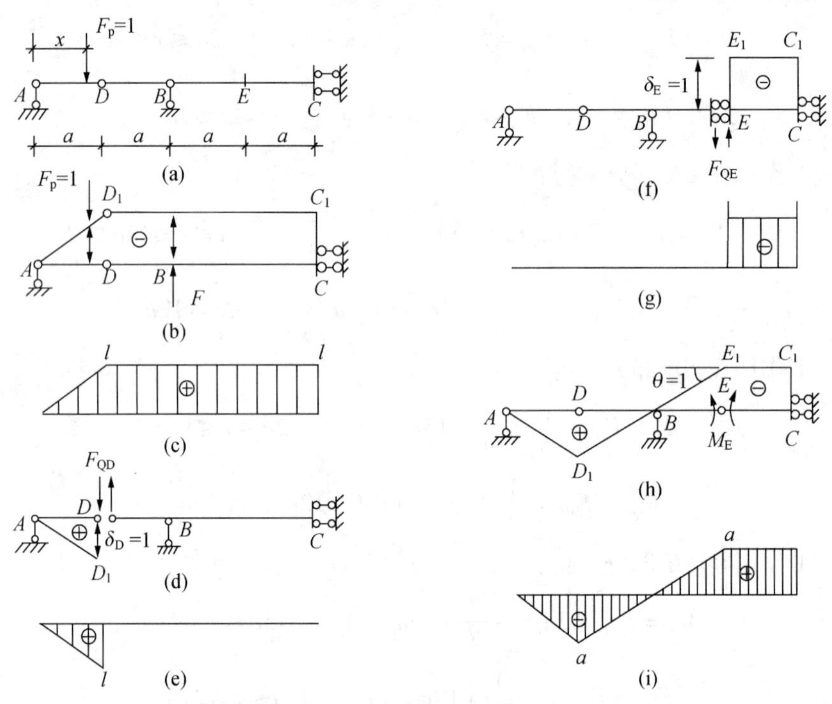

图 7-8　例 7-8 用图

思　考　题

1. 机动法做静定结构内力影响线的理论基础是什么？依据是什么？
2. 影响线的概念是什么？
3. 剪力影响线、弯矩影响线的量纲分别是什么？

习　　题

1. 做如图7-9所示结构的内力和影响线。

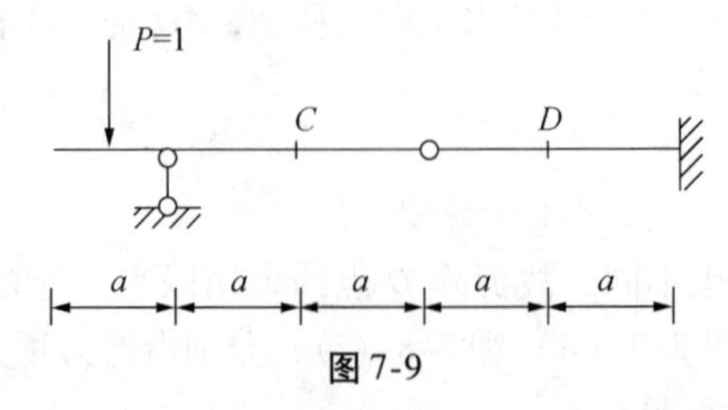

图 7-9

2. 做如图 7-10 所示主梁的量值 Q_A 右、Q_B 左影响线。

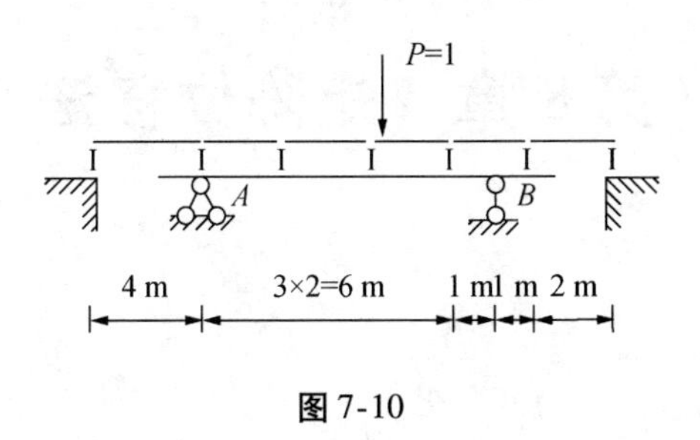

图 7-10

3. 做如图 7-11 所示结构 M_K 影响线。$P=1$ 沿 AB 移动。(下侧受拉为正)

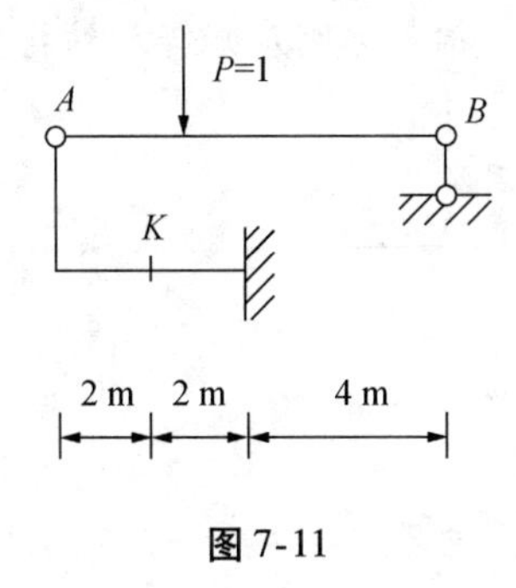

图 7-11

4. 利用 Q_c 左影响线求如图 7-12 所示梁在给定荷载作用下 Q_c 左的值。

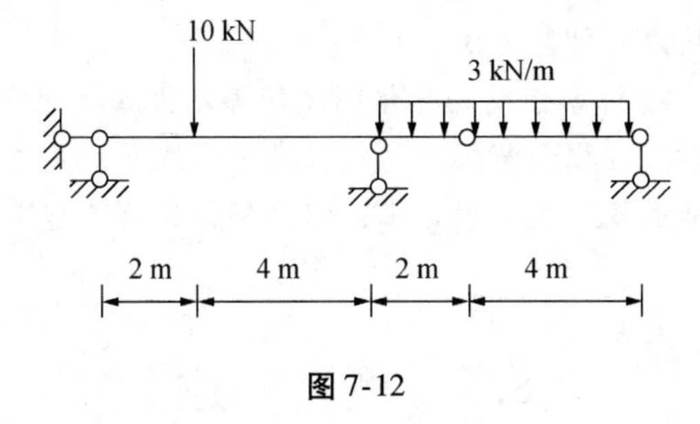

图 7-12

5. 利用 Q_K 和 M_K 影响线求如图 7-13 所示梁在给定荷载作用下 Q_K 和 M_K 的值。

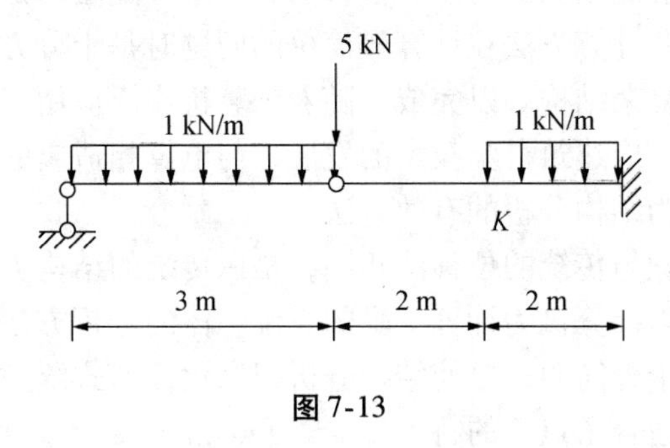

图 7-13

第 8 章　矩阵位移法

主要内容

有限单元法的基本概念，结构离散化。

平面杆系结构的单元分析：局部坐标系下的单元刚度矩阵和整体坐标系下的单元刚度矩阵。

平面杆系结构的整体分析：结构整体刚度矩阵和结构整体刚度方程。

边界条件的处理，单元内力计算。

矩阵位移法的计算步骤和应用举例。

学习重点

平面杆系结构的单元分析和整体分析。

学习要求

矩阵位移法包含两个基本环节：单元分析和整体分析。

(1) 在单元分析中，熟练掌握单元刚度矩阵和单元等效荷载的概念和形成。熟练掌握已知结点位移求单元杆端力的计算方法。

(2) 在整体分析中，熟练掌握结构整体刚度矩阵元素的物理意义和集成过程，熟练掌握结构综合结点荷载的集成过程。掌握单元定位向量的建立，支撑条件的处理。

自由式单元的单元刚度矩阵不要求背记，但要领会其物理意义，并会由它推出特殊单元的单元刚度矩阵。

8.1　概　　述

前面介绍的计算超静定结构的力法、位移法和力矩分配法均是建立在手算基础上的传统的力学计算方法。这些计算方法在计算较简单的问题时是十分方便的。但当基本未知量较多时，用手算分析较复杂结构难以完成。随着计算机广泛应用于结构力学领域，上述传统的计算方法已经不再适应建筑科学技术的发展，与电算相适应的结构矩阵分析方法得到迅速的发展和应用，成为结构分析的有效方法。

结构矩阵分析的原理与传统的位移法相同，是以传统的结构力学理论为基础、以矩阵的形式为数学表达式、以计算机为计算工具的三位一体的分析方法。这样，不仅使结构力学的原理和分析表达得十分简明，更使结构分析程序化，形式统一化，从而实现计算机程序编制及其高速运算，适合了点算的特点。

与结构力学的力法和位移法相对应，结构矩阵分析方法也分为力法和位移法。这两种分析方法的解题步骤基本相同。即首先进行单元分析，得到基本方程组；最后求解方程组，求得结构的内力和位移。

矩阵力法是以超静定结构的多余未知力作为基本未知量，因而其基本结构的形式随着所选定的超静定结构不同而不同，所以并不唯一，这样使分析过程与所选定的基本结构相连系，而不能编制通用的计算程序，所以应用较少。

矩阵位移法是以结构的结点位移为未知量，在结构上加上附加约束得到一组单跨超静定梁的基本结构，对应一定的结构，基本结构是一定的，另外，矩阵力法不能计算静定结构，而位移法对静定结构和超静定结构的计算均适用，因而矩阵位移法成为结构计算中的一种重要的计算方法，无论在杆件结构还是在连续结构的分析中都得到广泛的应用。本章只对矩阵位移法进行讨论。

矩阵位移法的基本思路是：先离散后集合。即先把整体结构拆开，分解成若干个有限单元进行单元分析，建立单元刚度方程。然后考虑整体平衡条件和几何条件，把这些单元集合成原来的结构，从而建立整体刚度方程以求解结构的内力和位移。这样，将一个复杂结构的求解过程转化为简单单元分析和集合的问题。其主要步骤是：

首先，将结构拆分成若干单元（在杆件结构中，一般把每个杆件取作一个单元），这个过程称为离散化。对离散化后的单元进行分析，找出单元杆端力和杆端位移之间的关系式，即单元刚度方程。单元刚度方程的系数称为单元刚度矩阵。

然后将单元集合成原整体结构，根据结点平衡，找出结点力与位移之间的关系式，即为结构刚度方程。结构刚度方程的系数矩阵称为结构刚度矩阵。

最后求解刚度方程，得到结点位移，将结点位移代入单元刚度方程，求得单元杆端力。

在这一分一合、先拆后搭（前者为单元分析，后者为整体分析）的过程中，建立单元刚度矩阵和形成整体刚度矩阵是矩阵位移法中的两个重要内容，下面分别加以讨论。

8.2　单元刚度矩阵

在位移法中曾指出，建立基本方程的第一步是把结构拆成杆件，进行杆件分析得到转角位移方程，实际上就是梁结构的单元刚度方程。刚度方程表示的是杆端力和杆端位移之间的关系。

8.2.1　单元的划分，单元的杆端力和杆端位移

杆件结构是由若干根杆件组成的结构。对杆件结构进行单元划分时，通常是把每根等截面直杆划分为一个单元，单元与单元之间通过结点连接，两个结点定出一个单元的位置。对单元和结点必须进行编号，这样，分割单元的结点应该是杆件的连接点、截面突变点和结构的支承点等处。例如图 8-1 所示的连续梁，由 *AB*、*BC* 两根杆件组成，用矩阵位移法计算时，可离散为①、②两个单元。同理 8-2（a）所示的刚架由 *AB*、*BC*、*BD*、*CD* 四杆组成，用矩阵位移法计算时，则离散为①、②、③、④四个单元。

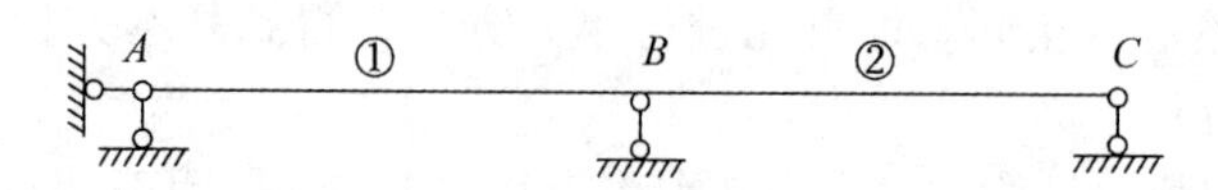

图 8-1　连续梁的单元划分

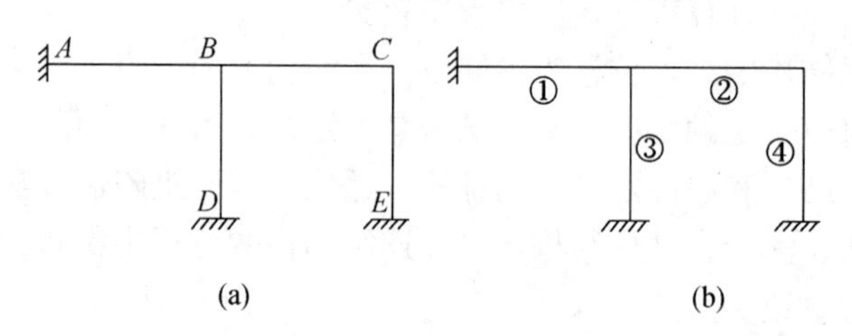

图 8-2　刚架的单元划分

如图 8-3 所示为平面结构中某一等截面直杆单元 e 变形前后的一般情况。杆件有轴向变形和弯曲变形。设杆长为 l，截面积为 A，界面惯性矩为 I，弹性模量为 E。i，j 为单元的局部编码，分别表示单元 e 的开始端和终止端。由始端 i 指向终端 j 规定为杆轴的正方向，在图中用箭头标示。

坐标系的选择：$\overline{X}$ 轴与杆轴重合，由杆件的始端指向末端的方向作为 $\overline{X}$ 的正方向；由 $\overline{X}$ 轴正方向顺时针旋转 90° 得到 $\overline{Y}$。此坐标系的定义为单元的局部坐标系。其中 $\overline{X}$、$\overline{Y}$ 上面的一横作为局部坐标系的标示。

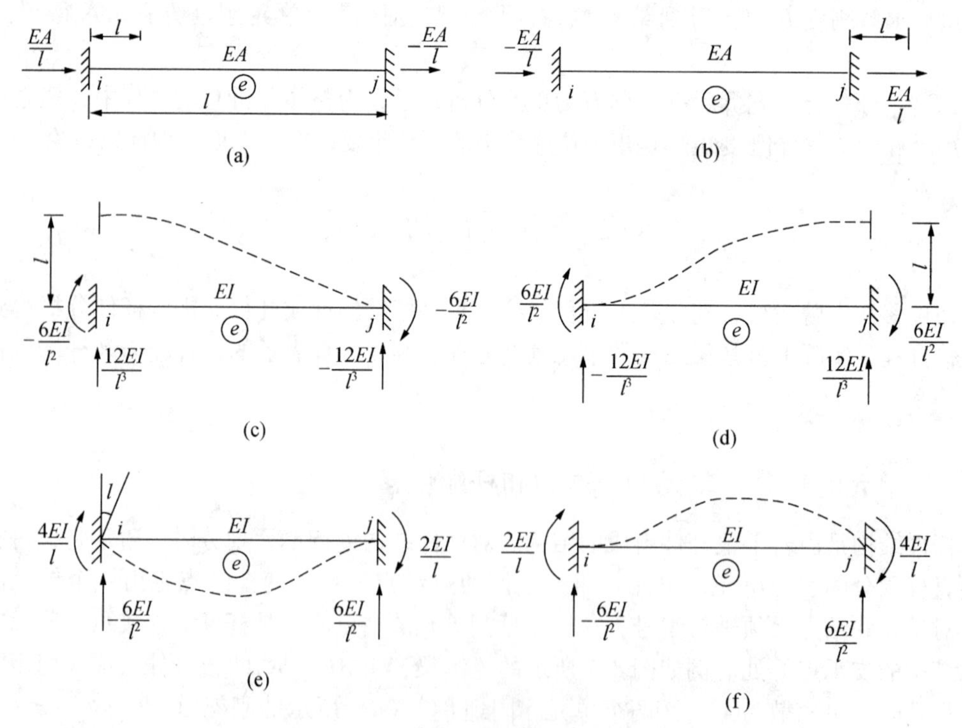

图 8-3　单元的杆端力和杆端位移

在局部坐标系中，一般单元的两端各有三个位移的分量：两个线位移 $\bar{u}$、$\bar{v}$ 和一个角位移 $\bar{\theta}$，与位移对应的杆端力分别为 $\bar{X}$、$\bar{Y}$，杆端弯矩 $\bar{M}$，其中 $\bar{u}$、$\bar{v}$、$\bar{X}$、$\bar{Y}$ 的正方向与坐标系正方向相同，$\bar{\theta}$、$\bar{M}$ 均以顺时针转向为正。

把单元的六个杆端位移和六个杆端力分量按照一定的顺序排列，便形成了以下形式的单元杆端位移向量 $\{\bar{\Delta}\}^{(e)}$ 和单元杆端力向量 $\{\bar{F}\}^{(e)}$：

$$\{\bar{\Delta}\}^{(e)}=\begin{Bmatrix}\bar{u}_i\\ \bar{v}_i\\ \bar{\theta}_i\\ \bar{u}_j\\ \bar{v}_j\\ \bar{\theta}_j\end{Bmatrix}^{(e)}=\begin{Bmatrix}\bar{\Delta}_1\\ \bar{\Delta}_2\\ \bar{\Delta}_3\\ \bar{\Delta}_4\\ \bar{\Delta}_5\\ \bar{\Delta}_6\end{Bmatrix}^{(e)}\qquad \{\bar{F}\}^{(e)}=\begin{Bmatrix}\bar{X}_i\\ \bar{Y}_i\\ \bar{M}_i\\ \bar{X}_j\\ \bar{Y}_j\\ \bar{M}_j\end{Bmatrix}^{(e)}=\begin{Bmatrix}\bar{F}_1\\ \bar{F}_2\\ \bar{F}_3\\ \bar{F}_4\\ \bar{F}_5\\ \bar{F}_6\end{Bmatrix}^{(e)}\tag{8-1}$$

公式中的变量上面的一横表示该物理量在局部坐标系下的标示。

8.2.2　单元刚度方程和单元刚度矩阵

单元位移 $\{\bar{\Delta}\}^{(e)}$ 与单元杆端力 $\{\bar{F}\}^{(e)}$ 之间的关系称为单元刚度方程，即：

$$\{\bar{F}\}^{(e)}=[\bar{K}]^{(e)}\{\bar{\Delta}\}^{(e)}\tag{8-2}$$

式中：$[\bar{K}]^{(e)}$ 为单元刚度矩阵。

假设忽略轴向受力状态与弯曲变形受力状态之间的相互影响，分别考虑轴向变形和弯曲变形引起的内力。

根据图 8-3，首先由虎克定律可以导出：

$$\left.\begin{aligned}\bar{X}_i^{(e)}&=\frac{EA}{l}(\bar{u}_i^{(e)}-\bar{u}_j^{(e)})\\ \bar{X}_j^{(e)}&=-\frac{EA}{l}(\bar{u}_i^{(e)}-\bar{u}_j^{(e)})\end{aligned}\right\}\tag{8-3}$$

其次，根据转角位移方程并使用本章的符号及正负号，得到：

$$\left.\begin{aligned}\bar{Y}_i^{(e)}&=\frac{6EI}{l^2}(\bar{\theta}_i^{(e)}+\bar{\theta}_j^{(e)})+\frac{12EI}{l^3}(\bar{v}_i^{(e)}-\bar{v}_j^{(e)})\\ \bar{Y}_j^{(e)}&=-\frac{6EI}{l^2}(\bar{\theta}_i^{(e)}+\bar{\theta}_j^{(e)})-\frac{12EI}{l^3}(\bar{v}_i^{(e)}-\bar{v}_j^{(e)})\\ \bar{M}_i^{(e)}&=\frac{4EI}{l}\bar{\theta}_i^{(e)}+\frac{2EI}{l}\bar{\theta}_j^{(e)}+\frac{6EI}{l^2}(\bar{v}_i^{(e)}-\bar{v}_j^{(e)})\\ \bar{M}_j^{(e)}&=\frac{2EI}{l}\bar{\theta}_i^{(e)}+\frac{4EI}{l}\bar{\theta}_j^{(e)}+\frac{6EI}{l^2}(\bar{v}_i^{(e)}-\bar{v}_j^{(e)})\end{aligned}\right\}\tag{8-4}$$

将式（8-3）和式（8-4）合并在一起并写成矩阵的形式：

$$\begin{Bmatrix} \overline{X}_i \\ \overline{Y}_i \\ \overline{M}_i \\ \overline{X}_j \\ \overline{Y}_j \\ \overline{M}_j \end{Bmatrix}^{(e)} = \begin{bmatrix} \frac{EA}{l} & 0 & 0 & -\frac{EA}{l} & 0 & 0 \\ 0 & \frac{12EI}{l^3} & \frac{-6EI}{l^2} & 0 & -\frac{12EI}{l^3} & \frac{6EI}{l^2} \\ 0 & \frac{6EI}{l^2} & \frac{4EI}{l} & 0 & \frac{-6EI}{l^2} & \frac{2EI}{l} \\ -\frac{EA}{l} & 0 & 0 & \frac{EA}{l} & 0 & 0 \\ 0 & \frac{-12EI}{l^3} & \frac{-6EI}{l^2} & 0 & \frac{12EI}{l^3} & \frac{-6EI}{l^2} \\ 0 & \frac{6EI}{l^2} & \frac{2EI}{l} & 0 & \frac{-6EI}{l^2} & \frac{4EI}{l} \end{bmatrix}^{(e)} \begin{Bmatrix} \overline{u}_i \\ \overline{v}_i \\ \overline{\theta}_i \\ \overline{u}_j \\ \overline{v}_j \\ \overline{\theta}_j \end{Bmatrix}^{(e)} \tag{8-5}$$

其中：

$$[\overline{K}]^{(e)} = \begin{bmatrix} \frac{EA}{l} & 0 & 0 & -\frac{EA}{l} & 0 & 0 \\ 0 & \frac{12EI}{l^3} & \frac{6EI}{l^2} & 0 & -\frac{12EI}{l^3} & \frac{6EI}{l^2} \\ 0 & \frac{6EI}{l^2} & \frac{4EI}{l} & 0 & \frac{-6EI}{l^2} & \frac{2EI}{l} \\ -\frac{EA}{l} & 0 & 0 & \frac{EA}{l} & 0 & 0 \\ 0 & \frac{-12EI}{l^3} & \frac{-6EI}{l^2} & 0 & \frac{12EI}{l^3} & -\frac{6EI}{l^2} \\ 0 & \frac{-6EI}{l^2} & \frac{2EI}{l} & 0 & \frac{-6EI}{l^2} & \frac{4EI}{l} \end{bmatrix}^{(e)} \tag{8-6}$$

单元刚度矩阵 $[\overline{K}]^{(e)}$ 具有如下的性质：

（1）单元刚度矩阵 $[\overline{K}]^{(e)}$ 是单元 e 杆端位移分量和杆端力的分量的转换矩阵，有了单元刚度矩阵，如果已知单元杆端位移分量 $\{\overline{\Delta}\}^{(e)}$，则可以通过单元刚度矩阵 $[\overline{K}]^{(e)}$，求出单元杆端力分量 $\{\overline{F}\}^{(e)}$。因此单元刚度矩阵的建立是单元分析中的重要内容。单元刚度矩阵的阶数和单元杆端位移分量的数目及杆端力分量的数目相一致。

（2）单元刚度系数的意义：单元刚度矩阵中的每个元素称为单元刚度系数，代表由于单位杆端位移引起的杆端力。一般来说，$[\overline{K}]^{(e)}$ 中的第 i 行第 j 列元素 $\overline{K}_{ij}$ 代表当第 j 个杆端位移分量 =1（其他位移分量为零）时引起的第 i 个杆端力分量的值。例如在式（8-5）中，$[\overline{K}]^{(e)}$ 第 2 行第 3 列元素为 $\frac{6EI}{l^2}$，表示杆端位移 $\overline{\theta}_i^{(e)} = 1$ 时所引起的杆端力的分量 $\overline{Y}_i^{(e)}$。

单元刚度矩阵 $[\overline{K}]^{(e)}$ 中列的意义：单元刚度矩阵中某一列的六个元素分别表示某个杆端位移分量等于 1（其他位移分量为零）时所引起的六个杆端力分量。如第一列对应于单位位移 $\overline{u}_i = 1$ 所引起的杆端力。

单元刚度矩阵 $[\overline{K}]^{(e)}$ 中行的意义：单元刚度矩阵中第 i 行的各元素，表示当各杆端位移分别为 1 时所引起的第 i 项杆端力，如第二行中的元素表示各项杆端位移分别为 1 时所

引起的单元 i 端的剪力 $\overline{Y}_i$ 值。

（3）单元刚度矩阵是对称矩阵：由反力互等定理可知，单元刚度矩阵是对称矩阵。

（4）一般单元的单元刚度矩阵是奇异矩阵，不存在逆阵。也就是说，矩阵的行列式的值为零，即 $|[\overline{K}]^{(e)}|=0$。由单元刚度方程，如已知杆端位移可求出杆端力，且是唯一解。但如已知杆端力，则求不出杆端位移，杆端位移可能无解，可能无唯一解。这主要是因为在建立单元刚度方程时没有考虑杆端约束，在给定杆端力情况下，杆件除了弯曲变形，还有任意的刚体位移，因而位移解不唯一。

8.2.3　特殊单元的刚度矩阵

式（8-6）表示一般杆件的单元刚度矩阵。结构中还有一些特殊单元，某些杆端位移已知为零。这些单元的刚度矩阵可以由式（8-6）经特殊处理得到。

对于理想的桁架结构，各杆件只有轴向变形，在局部坐标系中，杆端位移只有 $\overline{u}_i^{(e)}$，$\overline{u}_j^{(e)}$ 在式（8-6）中划去2、3、5、6 行和列元素，得到平面桁架在局部坐标系中的单元刚度矩阵：

$$[\overline{K}]^{(e)}=\begin{bmatrix}\dfrac{EA}{l} & -\dfrac{EA}{l}\\ -\dfrac{EA}{l} & \dfrac{EA}{l}\end{bmatrix}^{(e)} \tag{8-7}$$

对于连续梁离散的单元，四个杆端位移（线位移）分量都为零，只有两端的转角 $\overline{\theta}_i$、$\overline{\theta}_j$ 与相应的杆端弯矩 $\overline{M}_i$、$\overline{M}_j$。他们之间的转换矩阵由式（8-6）划去相应的行和列得到：

$$[\overline{K}]^{(e)}=\begin{bmatrix}\dfrac{4EI}{l} & \dfrac{2EI}{l}\\ \dfrac{2EI}{l} & \dfrac{4EI}{l}\end{bmatrix}^{(e)}=\begin{bmatrix}4i & 2i\\ 2i & 4i\end{bmatrix}^{(e)} \tag{8-8}$$

式中：线刚度 $i=\dfrac{EI}{l}$。

【例 8-1】 计算图 8-4 所示连续梁各单元的单元刚度矩阵 $[\overline{K}]^{(e)}$（$EI=18\times10^5\ \text{kN}\cdot\text{m}$）。

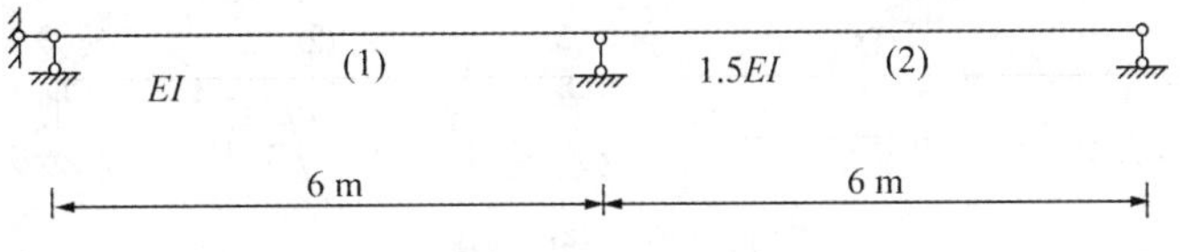

图 8-4　例 8-1 用图

解：（1）计算单元线刚度

$$i_1=\frac{EI}{l_1}=\frac{18\times10^5}{6}=3\times10^5\ (\text{kN}\cdot\text{m})$$

$$i_2=\frac{EI}{l_2}=\frac{1.5\times18\times10^5}{6}=4.5\times10^5\ (\text{kN}\cdot\text{m})$$

（2）计算单元刚度矩阵

由式（8-8）可得：

$$[\overline{K}]^{(1)}=\begin{bmatrix}4i_1 & 2i_1\\ 2i_1 & 4i_1\end{bmatrix}^{(1)}=\begin{bmatrix}4\times 3 & 2\times 3\\ 2\times 3 & 4\times 3\end{bmatrix}\times 10^5=\begin{bmatrix}12 & 6\\ 6 & 12\end{bmatrix}\times 10^5$$

$$[\overline{K}]^{(2)}=\begin{bmatrix}4i_2 & 2i_2\\ 2i_2 & 4i_2\end{bmatrix}^{(2)}=\begin{bmatrix}4\times 4.5 & 2\times 4.5\\ 2\times 4.5 & 4\times 4.5\end{bmatrix}\times 10^5=\begin{bmatrix}18 & 9\\ 9 & 18\end{bmatrix}\times 10^5$$

8.3 连续梁的整体刚度矩阵

本节在单元分析的基础上，利用结构的变形连续条件和受力平衡条件建立整体刚度方程，导出整体刚度矩阵。

整体刚度方程是按照位移法建立的。具体有两种做法：一种是传统位移法，另一种是本节重点介绍的直接刚度方法，即单元集成法或刚度集成法。直接刚度法的优点在于更便于实现计算过程的程序化。

直接刚度法又根据考虑边界条件的先后分为“先处理法”和“后处理法”。先处理法是在形成整体刚度矩阵的过程中，事先已经根据结构的边界支承条件进行了处理。后处理法的特点主要是，先不考虑边界支承条件，在形成原始整体刚度矩阵后引入边界条件进行处理，得到整体刚度矩阵。

本节重点介绍先处理法并用单元集成法集合成连续梁的整体刚度矩阵。

如图 8-5（a）所示连续梁，分为两个独立单元①、②，各跨的抗弯刚度系数 i_1、i_2 均为已知常量。按图示从左至右的结点编码（总码）为 1、2、3，则结点发生转角为 Δ_1、Δ_2、Δ_3，对应的力偶为 F_1、F_2、F_3，如图 8-5（b）。各单元两端的各自编码（局部码）取始端为 1 终端为 2，无结点位移的固定端编码为 0。于是每个杆端力和杆端位移的代号均采用两个角标：上角标表示杆件的单元序号；下脚标表示杆件的始端或终端。例如：$\overline{\Delta}_1^j$ 和 $\overline{F}_1^j$ 表示第 j 单元始端的杆端位移和杆端力；$\overline{\Delta}_2^j$ 和 $\overline{F}_2^j$ 表示第 j 单元终端的杆端位移和杆端力。

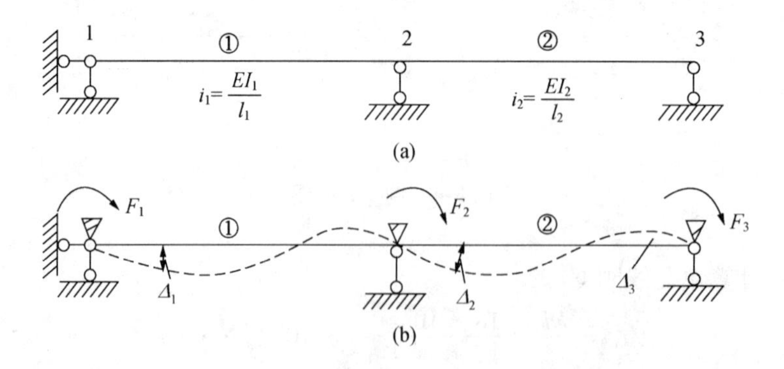

图 8-5 单元集成法

按单元集成法求结构的结点力偶 $\{F\}$，可分别考虑每个单元对 $\{F\}$ 的单独贡献，然后进行集成而建立 $\{F\}$，得到整体刚度方程和整体刚度矩阵，其特点是“由单元直接集成”。

首先，考虑单元①的贡献。

由于单独考虑单元①的贡献，就要设法略去其他单元的贡献。由此采用图 8-6 的力学模型，其中令单元②的刚度为零（即 $i_2=0$）。此时，单元②虽然有变形，但不产生结点力，因此，整个结构的结点力是由单元①单独产生的。记为：

$$\{F\}^{(1)}=(F_1^{(1)}\quad F_2^{(1)}\quad F_3^{(1)})^T$$

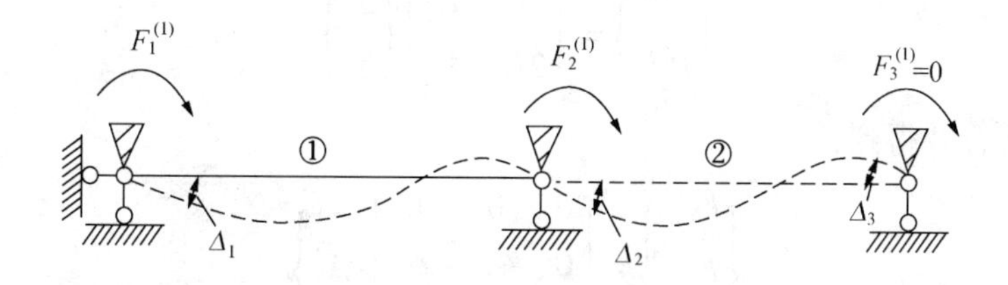

图 8-6　单独考虑单元①的力学模型

我们来求图 8-6 所示结构的结点力 $\{F\}^{(1)}$。单元①的杆端力为：

$$\begin{Bmatrix}F_1^{(1)}\\F_2^{(1)}\end{Bmatrix}=\begin{bmatrix}4i_1 & 2i_1\\2i_1 & 4i_1\end{bmatrix}\begin{Bmatrix}\Delta_1\\\Delta_2\end{Bmatrix}\tag{8-9a}$$

在②单元中，由于 $i_2=0$，因此

$$F_3^{(1)}=0\tag{8-9b}$$

式（8-9a）和式（8-9b）可以合并写为：

$$\begin{Bmatrix}F_1^{(1)}\\F_2^{(1)}\\F_3^{(1)}\end{Bmatrix}=\begin{bmatrix}4i_1 & 2i_1 & 0\\2i_1 & 4i_1 & 0\\0 & 0 & 0\end{bmatrix}\begin{Bmatrix}\Delta_1\\\Delta_2\\\Delta_3\end{Bmatrix}$$

简写为：

$$\{F\}^{(1)}=[K]^{(1)}\{\Delta\}\tag{8-9c}$$

其中：

$$K^{(1)}=\begin{bmatrix}4i_1 & 2i_1 & 0\\2i_1 & 4i_1 & 0\\0 & 0 & 0\end{bmatrix}\tag{8-10}$$

$K^{(1)}$ 表示单元①对整体刚度矩阵提供的贡献，称为单元①的贡献矩阵。

其次，考虑单元②的贡献。

此时，令 $i_1=0$，力学模型如图 8-7 所示。其中结点力 $F_1^{(2)}=0$，而 $F_2^{(2)}$、$F_3^{(2)}$ 则由单元②的单元刚度矩阵 $[\overline{K}]^{(2)}$ 算出。

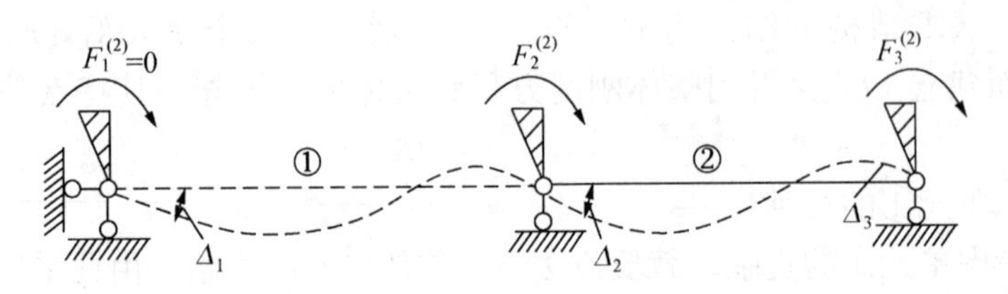

图 8-7 考虑单元②的力学模型

单元②的杆端力为：

$$\begin{Bmatrix} F_2^{(2)} \\ F_3^{(2)} \end{Bmatrix} = \begin{bmatrix} 4i_2 & 2i_2 \\ 2i_2 & 4i_2 \end{bmatrix} \begin{Bmatrix} \Delta_2 \\ \Delta_3 \end{Bmatrix}$$

与 $F_1^{(2)}=0$ 合并得到：

$$\begin{Bmatrix} F_1^{(2)} \\ F_2^{(2)} \\ F_3^{(2)} \end{Bmatrix} = \begin{bmatrix} 0 & 0 & 0 \\ 0 & 4i_2 & 2i_2 \\ 0 & 2i_2 & 4i_2 \end{bmatrix} \begin{Bmatrix} \Delta_1 \\ \Delta_2 \\ \Delta_3 \end{Bmatrix}$$

简写为：

$$\{F\}^{(2)} = [K]^{(2)}\{\Delta\} \tag{8-11}$$

$$K^{(2)} = \begin{bmatrix} 0 & 0 & 0 \\ 0 & 4i_2 & 2i_2 \\ 0 & 2i_2 & 4i_2 \end{bmatrix} \tag{8-12}$$

$K^{(2)}$ 表示单元②对整体刚度矩阵提供的贡献，称为单元②的贡献矩阵。

可以看出，单元的贡献矩阵 $K^{(e)}$ 是与结构的整体刚度矩阵同阶矩阵。将单元刚度矩阵 $[\overline{K}]^{(e)}$ 扩大为整体刚度矩阵 $[K]$ 同阶的矩阵，扩大时矩阵增加的元素用零补齐，再将 $[\overline{K}]^{(e)}$ 的元素按整体结点码顺序在扩阶后的矩阵内放置，就得到单元的贡献矩阵。

最后，将式（8-9c）和式（8-11）相加，得到结构的结点力 $\{F\}$ 为：

$$\{F\} = \{F\}^{(1)} + \{F\}^{(2)} = ([K]^{(1)} + [K]^{(2)})\{\Delta\}$$

$$= \left(\begin{bmatrix} 4i_1 & 2i_1 & 0 \\ 2i_1 & 4i_1 & 0 \\ 0 & 0 & 0 \end{bmatrix} + \begin{bmatrix} 0 & 0 & 0 \\ 0 & 4i_2 & 2i_2 \\ 0 & 2i_2 & 4i_2 \end{bmatrix} \right) \begin{Bmatrix} \Delta_1 \\ \Delta_2 \\ \Delta_3 \end{Bmatrix}$$

$$= \begin{bmatrix} 4i_1 & 2i_1 & 0 \\ 2i_1 & 4i_1 + 4i_2 & 2i_2 \\ 0 & 2i_2 & 4i_2 \end{bmatrix} \begin{Bmatrix} \Delta_1 \\ \Delta_2 \\ \Delta_3 \end{Bmatrix}$$

简写为：

$$\{F\} = [K]\{\Delta\} \tag{8-13}$$

由此得到整体刚度矩阵 $[K]$ 为：

$$[K] = K^{(1)} + K^{(2)} = \sum_{(e)} K^{(e)} \tag{8-14}$$

上式表明，整体刚度矩阵就是各单元贡献矩阵之和，在集成时，即将各单元贡献矩阵的相应元素进行叠加。

从以上的讨论中可以看出，单元集成法求整体刚度矩阵的步骤可以分为两步：

第一步，将单元刚度矩阵 $[\overline{K}]^{(e)}$ 中的各元素通过换码关系（将每个单元两端的结点位移的编码 $\overline{1}$、$\overline{2}$ 换成相对应的整体结构的结点位移编码。如单元①的局部码（1）对应总码 1，（2）对应 2；单元②的局部码（1）对应总码 2，局部码（2）对应总码 3）填写到扩大的单元刚度矩阵 $K^{(e)}$ 中的相应位置上得到单元贡献矩阵。

第二步，将各个单元贡献矩阵 $K^{(e)}$ 的相对应元素相加得到结构的整体刚度矩阵 $[K]$。

整体刚度矩阵 $[K]$ 的性质：

（1）整体刚度矩阵系数的含义。$[K]$ 中的元素 K_{ij} 称为整体刚度系数。它表示当第 j 个结点位移分量 $\Delta_j = 1$ 时（其他结点位移分量为零）所产生的第 i 个结点力 F_i。整体刚度矩阵反映的是结构的结点位移 $\{\Delta\}$ 和结点力 $\{F\}$ 之间的转换关系。

（2）$[K]$ 是对称矩阵。由反力互等定理：$K_{ij} = K_{ji}$，所以整体刚度矩阵的元素是沿主对角线两侧对称分布的。

（3）$[K]$ 是可逆矩阵。在建立连续梁单元刚度矩阵时，除认为杆件无轴向变形外，已经考虑了各单元的支承条件，所以，杆端只发生转角位移，当 $\{F\}$ 给定时，可求得 $\{\Delta\}$ 的唯一解。

在实际的计算过程中，可以把以上两步骤联合穿插进行，即边换码边累加的方法，把每个单元的贡献矩阵 $K^{(e)}$ 的元素按照换码原则“对号入座”的方式累加到 $[K]$ 中即可。

8.4　非结点荷载的处理

在以上各节的讨论中，整体刚度方程（8-13）中的力的向量 $\{F\}$ 是以结点荷载为元素组成的。在实际结构中，除了有直接作用结点荷载外，较多的是作用在结构跨间的非结点荷载。对非结点荷载应先按静力等效原则将其变换为相应的等效结点荷载，按照等效结点荷载作用建立整体刚度方程，求解结构的结点位移，在求解结点位移后，计算单元杆端力时，需要考虑非结点荷载的作用。

如图 8-8（a）所示连续梁承受非结点荷载作用。第一步，在各结点上附加约束阻止结点转动。如图 8-8（b）所示，杆端产生固端弯矩记为：

$$\{\overline{F}_P^F\}^{(1)} = \begin{Bmatrix} \overline{M}_1^F \\ \overline{M}_2^F \end{Bmatrix}^{(1)} \qquad \{\overline{F}_P^F\}^{(2)} = \begin{Bmatrix} \overline{M}_1^F \\ \overline{M}_2^F \end{Bmatrix}^{(2)} \qquad \{\overline{F}_P^F\}^{(3)} = \begin{Bmatrix} \overline{M}_1^F \\ \overline{M}_2^F \end{Bmatrix}^{(3)}$$

各结点的约束力矩分别为该结点有关单元固端弯矩之和。例如图 8-8（b）中：

$$\begin{Bmatrix} \overline{F}_{P1} \\ \overline{F}_{P2} \\ \overline{F}_{P3} \\ \overline{F}_{P4} \end{Bmatrix} = \begin{Bmatrix} \overline{M}_1^{F(1)} \\ \overline{M}_2^{F(1)} + \overline{M}_1^{F(2)} \\ \overline{M}_2^{F(2)} + \overline{M}_1^{F(3)} \\ \overline{M}_2^{F(3)} \end{Bmatrix}$$

第二步在各结点上施加与约束力矩大小相等，方向相反的力矩。如图 8-8（c）中的结点荷载称为原非结点荷载的等效结点荷载。

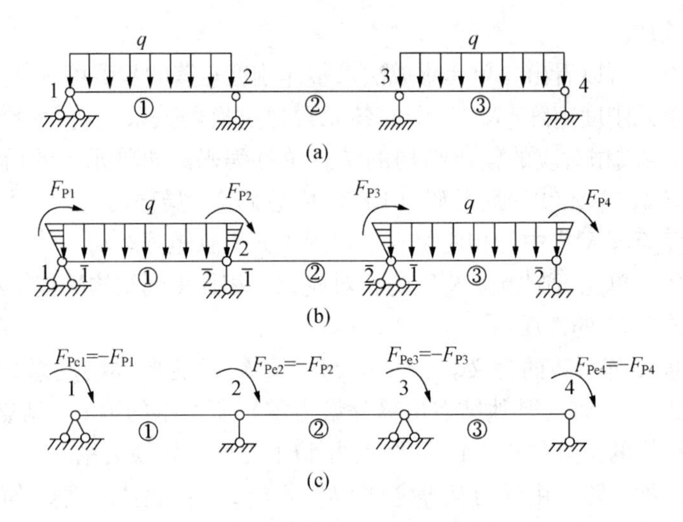

图 8-8　连续梁承受非结点荷载

$$\{\overline{F}_{Pe}\}^{(1)}=-\{\overline{F}_P^F\}^{(1)}=-\begin{Bmatrix}\overline{M}_1^F\\\overline{M}_2^F\end{Bmatrix}^{(1)}$$

$$\{\overline{F}_{Pe}\}^{(2)}=-\{\overline{F}_P^F\}^{(2)}=-\begin{Bmatrix}\overline{M}_1^F\\\overline{M}_2^F\end{Bmatrix}^{(2)}$$

$$\{\overline{F}_{Pe}\}^{(3)}=-\{\overline{F}_P^F\}^{(3)}=-\begin{Bmatrix}\overline{M}_1^F\\\overline{M}_2^F\end{Bmatrix}^{(3)}$$

第三步是将图8-8（b）、（c）两种情况叠加，得到如图8-8（a）所示的具有非结点荷载结构。最后得到等效结点荷载为：

$$\{F_{Pe}\}=\begin{Bmatrix}F_{P1}\\F_{P2}\\F_{P3}\\F_{P4}\end{Bmatrix}=-\begin{Bmatrix}\overline{F}_{P1}\\\overline{F}_{P2}\\\overline{F}_{P3}\\\overline{F}_{P4}\end{Bmatrix}=\begin{Bmatrix}-\overline{M}_1^{F(1)}\\-\overline{M}_2^{F(1)}-\overline{M}_1^{F(2)}\\-\overline{M}_2^{F(2)}-\overline{M}_1^{F(3)}\\-\overline{M}_2^{F(3)}\end{Bmatrix}$$

在等效结点荷载求得之后，就得到非结点荷载作用下的结点力的列阵$\{F\}$：

$$\{F\}=\{F_{Pe}\}$$

实际作用在结构上的荷载可以是结点荷载，也可以是非结点荷载，或是这两种荷载的组合。因此，在一般情况下，综合结点力的列阵应该是结点荷载和等效结点荷载的叠加：

$$\{F\}=\{F_{Pe}\}+\{F_n\}\tag{8-15}$$

在非结点荷载作用下，单元的杆端力由两部分组成：一部分是结点位移受到约束，各杆件为固端梁情形下的杆端力，即固端力，如图8-8（b）所示。一部分是由结点位移产生的杆端力，如图8-8（c）所示，这部分力就可以由单元刚度方程$\{\overline{F}\}^{(e)}=[\overline{K}]^{(e)}\{\overline{\Delta}\}^{(e)}$计算。叠加这两部分的内力即得到非结点荷载作用下的杆端内力：

$$\{\overline{F}\}^{(e)}=[\overline{K}]^{(e)}\{\overline{\Delta}\}^{(e)}+\{\overline{F}_P^F\}^{(e)}\tag{8-16}$$

【例 8-2】计算图 8-9 所示连续梁的等效结点荷载。

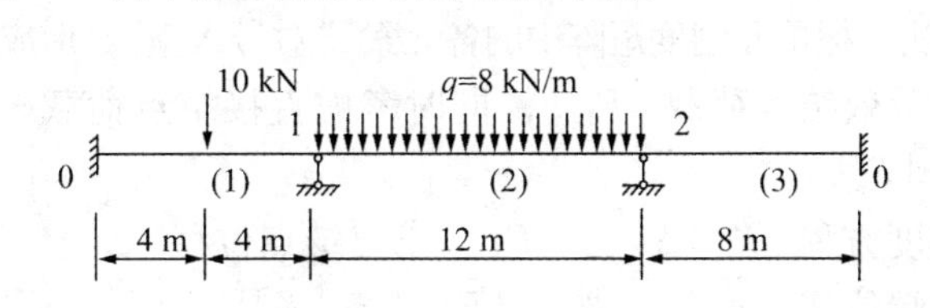

图 8-9　例 8-2 用图

解：(1) 对连续梁的结点进行编码，如图 8-9 所示。

(2) 计算各单元的固端弯矩。

$$\{\overline{F}_P^F\}^{(1)} = \begin{Bmatrix} \overline{M}_1^F \\ \overline{M}_2^F \end{Bmatrix}^{(1)} = \begin{Bmatrix} -\dfrac{F_P L}{8} \\ \dfrac{F_P L}{8} \end{Bmatrix} = \begin{Bmatrix} -\dfrac{10\times 8}{8} \\ \dfrac{10\times 8}{8} \end{Bmatrix} = \begin{Bmatrix} -10 \\ 10 \end{Bmatrix}$$

$$\{\overline{F}_P^F\}^{(2)} = \begin{Bmatrix} \overline{M}_1^F \\ \overline{M}_2^F \end{Bmatrix}^{(2)} = \begin{Bmatrix} -\dfrac{qL^2}{12} \\ \dfrac{qL^2}{12} \end{Bmatrix} = \begin{Bmatrix} -\dfrac{8\times 12^2}{12} \\ \dfrac{8\times 12^2}{12} \end{Bmatrix} = \begin{Bmatrix} -96 \\ 96 \end{Bmatrix}$$

$$\{\overline{F}_P^F\}^{(3)} = \begin{Bmatrix} \overline{M}_1^F \\ \overline{M}_2^F \end{Bmatrix}^{(3)} = \begin{Bmatrix} 0 \\ 0 \end{Bmatrix}$$

(3) 计算各单元的等效结点荷载

$$\{\overline{F}_{Pe}\}^{(1)} = -\begin{Bmatrix} \overline{M}_1^F \\ \overline{M}_2^F \end{Bmatrix}^{(1)} = \begin{Bmatrix} 10 \\ -10 \end{Bmatrix}$$

$$\{\overline{F}_{Pe}\}^{(2)} = -\begin{Bmatrix} \overline{M}_1^F \\ \overline{M}_2^F \end{Bmatrix}^{(2)} = \begin{Bmatrix} 96 \\ -96 \end{Bmatrix}$$

$$\{\overline{F}_{Pe}\}^{(3)} = -\begin{Bmatrix} \overline{M}_1^F \\ \overline{M}_2^F \end{Bmatrix}^{(3)} = \begin{Bmatrix} 0 \\ 0 \end{Bmatrix}$$

(4) 计算各结点的等效结点荷载

$$\{F_{Pe}\} = \begin{Bmatrix} F_{Pe1} \\ F_{Pe2} \end{Bmatrix} = \begin{Bmatrix} -\overline{M}_2^{F(1)} - \overline{M}_1^{F(2)} \\ -\overline{M}_2^{F(2)} - \overline{M}_1^{F(3)} \end{Bmatrix} = \begin{Bmatrix} -10-(-96) \\ -96-0 \end{Bmatrix} = \begin{Bmatrix} 86 \\ -96 \end{Bmatrix}$$

8.5　用直接刚度法计算连续梁

根据前面讲述的内容，现将直接刚度法分析连续梁的计算步骤归纳如下：

(1) 整理原始数据，对单元和结点进行局部编码和整体编码。

(2) 进行单元分析，形成局部坐标系下的单元刚度矩阵 $[\overline{K}]^{(e)}$。

（3）对单元刚度矩阵进行换码和扩阶形成整体坐标系下的单元刚度矩阵 $K^{(e)}$。

（4）用单元集成法，把单元刚度矩阵中的各元素“对号入座”，形成整体刚度矩阵 $[K]$。

（5）计算结构的等效结点荷载 $\{F_{Pe}\}$，同时考虑直接结点荷载 $\{F_n\}$，形成综合结点荷载 $\{F\} = \{F_{Pe}\} + \{F_n\}$。

（6）求解结构刚度方程 $[K]\{\Delta\} = \{F\}$，求出结点位移 $\{\Delta\}$。

（7）取出单元杆端位移 $\{\bar{\Delta}\}^{(e)}$，按式 $\{\bar{F}\}^{(e)} = [\bar{K}]^{(e)}\{\bar{\Delta}\}^{(e)} + \{\bar{F}_P^F\}^{(e)}$，求各杆的的杆端内力。

（8）做结构的内力图。

【例 8-3】 用直接刚度法计算图 8-10 所示的连续梁各杆的杆端内力。

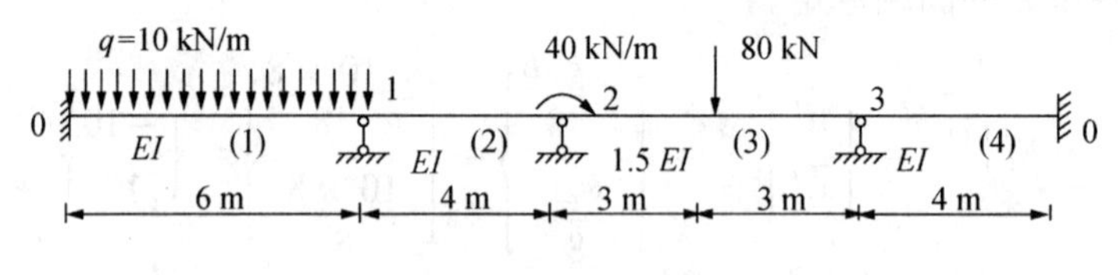

图 8-10　例 8-3 用图

解：（1）对单元和结点进行编码。写出各杆的线刚度。编码如图 8-10 所示。

设 $i_0 = \dfrac{EI}{6}$，则 $i_1 = i_0$、$i_2 = i_3 = i_4 = 1.5i_0$。

（2）计算单元刚度矩阵 $[\bar{K}]^{(e)}$。

单元①：$[\bar{K}]^{(1)} = \begin{bmatrix} 4i_1 & 2i_1 \\ 2i_1 & 4i_1 \end{bmatrix} = \begin{bmatrix} 4 & 2 \\ 2 & 4 \end{bmatrix} i_0$

单元②－④：$[\bar{K}]^{(2)} = [\bar{K}]^{(3)} = [\bar{K}]^{(4)} = \begin{bmatrix} 4i_2 & 2i_2 \\ 2i_2 & 4i_2 \end{bmatrix} = \begin{bmatrix} 6 & 3 \\ 3 & 6 \end{bmatrix} i_0$

（3）换码扩阶形成单元贡献矩阵 $[K]^{(e)}$。

$$[K]^{(1)} = \begin{bmatrix} 4 & 0 & 0 \\ 0 & 0 & 0 \\ 0 & 0 & 0 \end{bmatrix} i_0 \qquad [K]^{(2)} = \begin{bmatrix} 6 & 3 & 0 \\ 3 & 6 & 0 \\ 0 & 0 & 0 \end{bmatrix} i_0$$

$$[K]^{(3)} = \begin{bmatrix} 0 & 0 & 0 \\ 0 & 6 & 3 \\ 0 & 3 & 6 \end{bmatrix} i_0 \qquad [K]^{(4)} = \begin{bmatrix} 0 & 0 & 0 \\ 0 & 0 & 0 \\ 0 & 0 & 6 \end{bmatrix} i_0$$

（4）计算整体刚度矩阵。

$$[K] = [K]^{(1)} + [K]^{(2)} + [K]^{(3)} + [K]^{(4)} = \begin{bmatrix} 10 & 3 & 0 \\ 3 & 12 & 3 \\ 0 & 3 & 12 \end{bmatrix} i_0$$

（5）计算等效结点荷载和综合结点荷载。

单元固端弯矩：

$$\{\overline{F}_{\mathrm{P}}^{F}\}^{(1)}=\begin{Bmatrix}\overline{M}_1^F\\\overline{M}_2^F\end{Bmatrix}^{(1)}=\begin{Bmatrix}-\dfrac{qL^2}{12}\\\dfrac{qL^2}{12}\end{Bmatrix}=\begin{Bmatrix}-\dfrac{10\times6^2}{12}\\\dfrac{10\times6^2}{12}\end{Bmatrix}=\begin{Bmatrix}-30\\30\end{Bmatrix}$$

$$\{\overline{F}_{\mathrm{P}}^{F}\}^{(2)}=\{\overline{F}_{\mathrm{P}}^{F}\}^{(4)}=\begin{Bmatrix}0\\0\end{Bmatrix}$$

$$\{\overline{F}_{\mathrm{P}}^{F}\}^{(3)}=\begin{Bmatrix}\overline{M}_1^F\\\overline{M}_2^F\end{Bmatrix}^{(3)}=\begin{Bmatrix}-\dfrac{F_{\mathrm{P}}L}{8}\\\dfrac{F_{\mathrm{P}}L}{8}\end{Bmatrix}=\begin{Bmatrix}-\dfrac{80\times6}{8}\\\dfrac{80\times6}{8}\end{Bmatrix}=\begin{Bmatrix}-60\\60\end{Bmatrix}$$

单元等效结点荷载：

$$\{\overline{F}_{\mathrm{Pe}}\}^{(1)}=-\{\overline{F}_{\mathrm{P}}^{F}\}^{(1)}=\begin{Bmatrix}30\\-30\end{Bmatrix}$$

$$\{\overline{F}_{\mathrm{Pe}}\}^{(2)}=\{\overline{F}_{\mathrm{Pe}}\}^{(4)}=\begin{Bmatrix}0\\0\end{Bmatrix}$$

$$\{\overline{F}_{\mathrm{Pe}}\}^{(3)}=-\{\overline{F}_{\mathrm{P}}^{F}\}^{(3)}=\begin{Bmatrix}60\\-60\end{Bmatrix}$$

等效结点荷载：

$$\{F_{\mathrm{Pe}}\}=\begin{bmatrix}-\overline{M}_2^{F(1)}-\overline{M}_1^{F(2)}\\-\overline{M}_2^{F(2)}-\overline{M}_1^{F(3)}\\-\overline{M}_1^{F(3)}-\overline{M}_2^{F(4)}\end{bmatrix}=\begin{bmatrix}-30+0\\0+60\\-60+0\end{bmatrix}=\begin{bmatrix}-30\\60\\-60\end{bmatrix}$$

结点直接作用荷载：

$$\{F_{\mathrm{n}}\}=\begin{Bmatrix}0\\40\\0\end{Bmatrix}$$

综合结点荷载：

$$\{F\}=\{F_{\mathrm{Pe}}\}+\{F_{\mathrm{n}}\}=\begin{Bmatrix}-30\\60\\-60\end{Bmatrix}+\begin{Bmatrix}0\\40\\0\end{Bmatrix}=\begin{Bmatrix}-30\\100\\-60\end{Bmatrix}$$

（6）求解整体刚度方程。

$$\begin{bmatrix}20&6&0\\6&24&6\\0&6&30\end{bmatrix}i_0\begin{Bmatrix}\Delta_1\\\Delta_2\\\Delta_3\end{Bmatrix}=\begin{Bmatrix}-30\\100\\-60\end{Bmatrix}$$

解得结构的结点位移：

$$\{\Delta\}=\begin{Bmatrix}\Delta_1\\\Delta_2\\\Delta_3\end{Bmatrix}=\begin{Bmatrix}-6.6\\12\\-8\end{Bmatrix}\frac{1}{i_0}$$

（7）求各单元的杆端力。

$$\{\overline{F}\}^{(1)}=[\overline{K}]^{(1)}\{\overline{\Delta}\}^{(1)}+\{\overline{F}_{P}^{F}\}^{(1)}=\begin{bmatrix}4&2\\2&4\end{bmatrix}i_0\begin{Bmatrix}0\\-6.6\end{Bmatrix}\frac{1}{i_0}+\begin{Bmatrix}-30\\30\end{Bmatrix}=\begin{Bmatrix}-43.2\\3.6\end{Bmatrix}$$

$$\{\overline{F}\}^{(2)}=[\overline{K}]^{(2)}\{\overline{\Delta}\}^{(2)}+\{\overline{F}_{P}^{F}\}^{(2)}=\begin{bmatrix}6&3\\3&6\end{bmatrix}i_0\begin{Bmatrix}-6.6\\12\end{Bmatrix}\frac{1}{i_0}+\begin{Bmatrix}0\\0\end{Bmatrix}=\begin{Bmatrix}-3.6\\52.2\end{Bmatrix}$$

$$\{\overline{F}\}^{(3)}=[\overline{K}]^{(3)}\{\overline{\Delta}\}^{(3)}+\{\overline{F}_{P}^{F}\}^{(3)}=\begin{bmatrix}6&3\\3&6\end{bmatrix}i_0\begin{Bmatrix}12\\-8\end{Bmatrix}\frac{1}{i_0}+\begin{Bmatrix}-60\\60\end{Bmatrix}=\begin{Bmatrix}-12\\48\end{Bmatrix}$$

$$\{\overline{F}\}^{(4)}=[\overline{K}]^{(4)}\{\overline{\Delta}\}^{(4)}+\{\overline{F}_{P}^{F}\}^{(4)}=\begin{bmatrix}6&3\\3&6\end{bmatrix}i_0\begin{Bmatrix}-8\\0\end{Bmatrix}\frac{1}{i_0}+\begin{Bmatrix}0\\0\end{Bmatrix}=\begin{Bmatrix}-48\\-24\end{Bmatrix}$$

8.6 平面刚架的计算

8.6.1 坐标系及坐标变换矩阵

坐标系是一个工具，可以根据需要灵活选用。

在矩阵位移法分析中单元分析采用的是单元（局部）坐标系，结构整体分析采用的是结构（整体）坐标系。由于在一个复杂结构中，各个单元方向各不相同，故单元坐标系的方向也各异。这样，为了利用局部坐标系中的单元杆端力和杆端位移建立整体坐标系中的整体刚度方程，就有必要建立单元杆端力和杆端位移在两种坐标系中的转换关系，这种转换关系就是坐标变换矩阵。

上节选用的是局部坐标系，以杆件轴线作为 $\overline{X}$ 轴。在本节中，从整体分析的角度出发，选用一个统一的公共坐标系，称为结构（整体）坐标系，用 X、Y 表示以区别局部坐标系 $\overline{X}$、$\overline{Y}$。

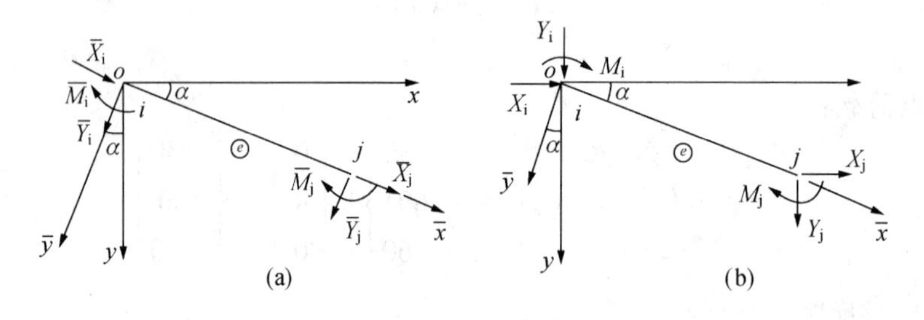

图 8-11 杆件单元

图 8-11（a）所示为一杆件单元 e，其局部坐标系为 $\overline{OXY}$，整体坐标系为 $\overline{OXY}$，由 X 轴到 $\overline{X}$ 的夹角 α 以顺时针转向为正。局部坐标系中的杆端力分别用 $\overline{X}^{(e)}$、$\overline{Y}^{(e)}$、$\overline{M}^{(e)}$ 表示，整体坐标系中的单元杆端力用 $X^{(e)}$、$Y^{(e)}$、$M^{(e)}$ 表示。则两种坐标系下的杆端力的分量分别为：

$$\overline{F}^{(e)} = \begin{Bmatrix} \overline{F}_{i}^{(e)} \\ \hdashline \overline{F}_{i}^{(e)} \end{Bmatrix} = \begin{Bmatrix} \overline{X}_{i}^{(e)} \\ \overline{Y}_{i}^{(e)} \\ \overline{M}_{i}^{(e)} \\ \hdashline \overline{X}_{j}^{(e)} \\ \overline{Y}_{j}^{(e)} \\ \overline{M}_{j}^{(e)} \end{Bmatrix} \qquad F^{(e)} = \begin{Bmatrix} F_{i}^{(e)} \\ \hdashline F_{i}^{(e)} \end{Bmatrix} = \begin{Bmatrix} X_{i}^{(e)} \\ Y_{i}^{(e)} \\ M_{i}^{(e)} \\ \hdashline X_{j}^{(e)} \\ Y_{j}^{(e)} \\ M_{j}^{(e)} \end{Bmatrix}$$

为了导出整体坐标系中的杆端力分量 $X_{i}^{(e)}$、$Y_{i}^{(e)}$、$M_{i}^{(e)}$ 和局部坐标系中的杆端力的分量 $\overline{X}_{i}^{(e)}$、$\overline{Y}_{i}^{(e)}$、$\overline{M}_{i}^{(e)}$ 之间的关系，将 $X_{i}^{(e)}$、$Y_{i}^{(e)}$ 分别向 $\overline{x}$、$\overline{y}$ 上投影，可得：

$$\left.\begin{aligned} \overline{X}_{i}^{(e)} &= X_{i}^{(e)}\cos\alpha + Y_{i}^{(e)}\sin\alpha \\ \overline{Y}_{i}^{(e)} &= -X_{i}^{(e)}\sin\alpha + Y_{i}^{(e)}\cos\alpha \end{aligned}\right\} \tag{8-17a}$$

在两个坐标系中，弯矩在同一个平面是垂直于坐标平面的矢量，故不因平面内坐标的转变而变化，即：

$$\overline{M}_{i}^{(e)} = M^{(e)} \tag{8-17b}$$

同理，对于单元的 j 端的杆端力可得：

$$\left.\begin{aligned} X_{j}^{(e)} &= X_{j}^{(e)}\cos\alpha + Y_{j}^{(e)}\sin\alpha \\ \overline{Y}_{j}^{(e)} &= -X_{j}^{(e)}\sin\alpha + Y_{j}^{(e)}\cos\alpha \\ \overline{M}_{j}^{(e)} &= M_{j}^{(e)} \end{aligned}\right\} \tag{8-17c}$$

将式（8-7a）、（8-7b）、（8-7c）合并起来并用矩阵的形式表示：

$$\begin{Bmatrix} \overline{X}_{i} \\ \overline{Y}_{i} \\ \overline{M}_{i} \\ \hdashline \overline{X}_{j} \\ \overline{Y}_{j} \\ \overline{M}_{j} \end{Bmatrix}^{(e)} = \left[\begin{array}{ccc:ccc} \cos\alpha & \sin\alpha & 0 & 0 & 0 & 0 \\ -\sin\alpha & \cos\alpha & 0 & 0 & 0 & 0 \\ 0 & 0 & 1 & 0 & 0 & 0 \\ \hdashline 0 & 0 & 0 & \cos\alpha & \sin\alpha & 0 \\ 0 & 0 & 0 & -\sin\alpha & \cos\alpha & 0 \\ 0 & 0 & 0 & 0 & 0 & 1 \end{array}\right] \begin{Bmatrix} X_{i} \\ Y_{i} \\ M_{i} \\ X_{j} \\ Y_{j} \\ M_{j} \end{Bmatrix}^{(e)} \tag{8-18}$$

此式即为两种坐标系中单元杆端力的转换公式，可简写为：

$$\{\overline{F}\}^{(e)} = [T]\{F\}^{(e)} \tag{8-19}$$

其中：

$$[T] = \left[\begin{array}{ccc:ccc} \cos\alpha & \sin\alpha & 0 & 0 & 0 & 0 \\ -\sin\alpha & \cos\alpha & 0 & 0 & 0 & 0 \\ 0 & 0 & 1 & 0 & 0 & 0 \\ \hdashline 0 & 0 & 0 & \cos\alpha & \sin\alpha & 0 \\ 0 & 0 & 0 & -\sin\alpha & \cos\alpha & 0 \\ 0 & 0 & 0 & 0 & 0 & 1 \end{array}\right] \tag{8-20}$$

式（8-20）称为单元坐标转换矩阵。

可以看出 [T] 的每行（列）元素的平方和为1，而所有两个不同行（列）的对应元素乘积之和都为零。因此，[T] 为一个正交矩阵，根据正交矩阵的性质，其逆矩阵等于其转置矩阵，即：

$$[T]^{-1} = [T]^{T} \tag{8-21}$$

或

$$[T][T]^{T} = [T]^{T}[T = [I]]$$

式中，[I] 为与 [T] 同阶的单位矩阵。

式（8-19）的逆转换式为

$$\{F\}^{(e)} = [T]^{T}\{\overline{F}\}^{(e)} \tag{8-22}$$

显然，两种坐标系下的杆端位移之间存在同样的转换关系，即：

$$\{\overline{\Delta}\}^{(e)} = [T]\ \{\Delta\}^{(e)} \tag{8-23}$$

$$\{\Delta\}^{(e)} = [T]^{(T)}\ \{\overline{\Delta}\}^{(e)} \tag{8-24}$$

将式（8-19）和式（8-23）代入式（8-2）单元刚度方程 $\{\overline{F}\}^{(e)} = [\overline{K}]^{(e)}\ \{\overline{\Delta}\}^{(e)}$ 得到：

$$[T]\{\overline{F}\}^{(e)} = [\overline{K}]^{(e)}[T]\{\Delta\}^{(e)}$$

将等式两边同乘 $[T]^{(T)}$ 并运用式（8-21）的关系得：

$$\{F\}^{(e)} = [T]^{(T)}[\overline{K}]^{(e)}[T]\{\Delta\}^{(e)}$$

或为：

$$\{F\}^{(e)} = [K]^{(e)}\{\Delta\}^{(e)} \tag{8-25}$$

其中：

$$[K]^{(e)} = [T]^{(T)}[\overline{K}]^{(e)}[T] \tag{8-26}$$

式（8-25）即整体坐标系下的单元刚度方程，式（8-26）为整体坐标系和局部坐标系下的单元刚度矩阵的转换关系式。对任一单元，只要求出单元坐标转换矩阵 [T]，就可以由 $[\overline{K}]^{(e)}$ 求出 $[K]^{(e)}$。

整体坐标系下的单元刚度矩阵 $[K]^{(e)}$ 与局部坐标系下的单元刚度矩阵 $[\overline{K}]^{(e)}$ 是同阶的，具有类似的性质：

（1）在整体坐标系下的单元刚度矩阵 $[K]^{(e)}$ 的元素 K_{ij} 表示第 j 个杆端位移分量发生单位位移时 $\Delta_j^e=1$（其他位移分量为零）引起的第 i 个杆端力的分量 F_i^e 的值。

（2）$[K]^{(e)}$ 是对称矩阵。

（3）一般单元的 $[K]^{(e)}$ 是奇异矩阵。对于连续梁单元，不受平面坐标变换的影响，其局部坐标系和整体坐标系的单元刚度矩阵是相同的。

（4）$[K]^{(e)}$ 可用分块矩阵来表示。

【例 8-4】 试求图 8-12 所示结构中，各单元在整体坐标系中的单元刚度矩阵 $[K]^{(e)}$。设各杆为矩形截面，横梁 $b_2 \cdot h_2 = 0.5\ \mathrm{m} \times 1.26\ \mathrm{m}$，立柱 $b_1 \cdot h_1 = 0.5\ \mathrm{m} \times 1\ \mathrm{m}$。

解：（1）计算原始数据及编码。

原始数据的计算如下（为了计算上的方便，设 $E=1$）。

柱：$A_1 = 0.5\ \mathrm{m}^2,\ I_1 = \dfrac{1}{24}\mathrm{m}^4, l_1 = 6\ \mathrm{m}$

$$\frac{EI_1}{l_1} = 6.94 \times 10^{-3},\ \frac{EA_1}{l_1} = 83.3 \times 10^{-3}$$

$$\frac{2EI_1}{l_1} = 13.9 \times 10^{-3}, \ \frac{4EI_1}{l_1} = 27.8 \times 10^{-3}$$

$$\frac{6EI_1}{l_1^2} = 6.94 \times 10^{-3}, \ \frac{EI_1}{l_1^3} = 2.31 \times 10^{-3}$$

横梁：$A_2 = 0.63\ \text{m}^2$，$I_2 = \frac{1}{12}\text{m}^4$，$l_2 = 12\ \text{m}$

$$\frac{EI_2}{l_2} = 6.94 \times 10^{-3}, \ \frac{EA_2}{l_2} = 52.5 \times 10^{-3}$$

$$\frac{2EI_2}{l_2} = 13.9 \times 10^{-3}, \ \frac{4EI_2}{l_2} = 27.8 \times 10^{-3}$$

$$\frac{6EI_2}{l_2^2} = 3.47 \times 10^{-3}, \ \frac{EI_2}{l_2^3} = 0.58 \times 10^{-3}$$

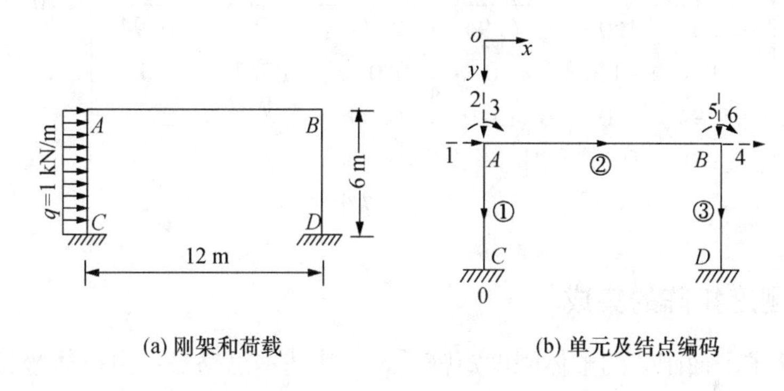

(a) 刚架和荷载　　(b) 单元及结点编码

图 8-12　例 8-4 用图

（2）形成局部坐标系中的单元刚度矩阵 $[\overline{K}]^{(e)}$。

单元①和单元③：

$$[\overline{K}]^{(1)} = [\overline{K}]^{(3)} = \left[\begin{array}{ccc|ccc} 83.3 & 0 & 0 & -83.3 & 0 & 0 \\ 0 & 2.31 & 6.94 & 0 & -2.31 & 6.94 \\ 0 & 6.94 & 27.8 & 0 & -6.94 & 13.9 \\ \hline -83.3 & 0 & 0 & 83.3 & 0 & 0 \\ 0 & -2.31 & -6.94 & 0 & 2.31 & -6.94 \\ 0 & 6.94 & 13.9 & 0 & -6.94 & 27.8 \end{array}\right] \times 10^{-3}$$

单元②：

$$[\overline{K}]^{(2)} = \left[\begin{array}{ccc|ccc} 52.5 & 0 & 0 & -52.5 & 0 & 0 \\ 0 & 0.58 & 3.47 & 0 & -0.58 & 3.47 \\ 0 & 3.47 & 27.8 & 0 & -3.47 & 13.9 \\ \hline -52.5 & 0 & 0 & 52.5 & 0 & 0 \\ 0 & -0.58 & -3.47 & 0 & 0.58 & -3.47 \\ 0 & 3.47 & 13.9 & 0 & -3.47 & 27.8 \end{array}\right] \times 10^{-3}$$

(3) 计算整体坐标系中的单元刚度矩阵 $[K]^{(e)}$。

在单元①和单元③中，$\alpha=90°$，故坐标转换矩阵为：

$$[T]=\left[\begin{array}{ccc|ccc}0&1&0&0&0&0\\-1&0&0&0&0&0\\0&0&1&0&0&0\\\hline 0&0&0&0&1&0\\0&0&0&-1&0&0\\0&0&0&0&0&1\end{array}\right]$$

$$[K]^{(1)}=[K]^{(3)}=[T]^{(T)}[\bar{K}]^{(1)}[T]$$

$$=\left[\begin{array}{ccc|ccc}2.31&0&-6.94&-2.31&0&-6.94\\0&83.8&0&0&-83.3&0\\-6.94&0&27.8&6.94&0&13.9\\\hline -2.31&0&6.94&2.31&0&6.94\\0&-83.3&0&0&83.3&0\\-6.94&0&13.9&6.94&0&27.8\end{array}\right]\times10^{-3}$$

在单元②中，$\alpha=0°$，所以 $[T]=[I]$

$$[K]^{(2)}=[\bar{K}]^{(2)}$$

8.6.2 整体刚度矩阵的集成

利用集成法求平面刚架的整体刚度矩阵 $[K]$ 其基本思路是：由整体坐标系下单元刚度矩阵 $[K]^{(e)}$ 根据某种规则直接集成整体刚度矩阵 $[K]$。这种规则就是单元的局部码和结构的总码之间的对应关系。如前所述，单元分析中每个单元两端的结点位移编码为局部码，整体分析中结点位移的统一编码为总码。由单元两端连接结点的位移分量的总码组成的向量称为“单元定位向量”，记为 $\{\lambda\}^{(e)}$。利用单元定位向量，可以确定单元刚度矩阵各元素在整体刚度矩阵中的位置，可以确定单元杆端位移分量在结构的结点位移向量中的位置，也可以确定单元的等效结点荷载分量在结构的结点荷载向量中的位置。

同连续梁相同，凡是已知为零的位移分量，其整体码均编为零。因此，整体刚度矩阵中只有与未知结点位移相对应的刚度系数，零行零列上的元素均不再 $[K]^{(e)}$ 之内。

根据单元定位向量 $\{\lambda\}^{(e)}$，由单元刚度矩阵 $[K]^{(e)}$ 扩阶形成与整体刚度矩阵 $[K]$ 同阶的单元贡献矩阵 $K^{(e)}$。在单元刚度矩阵 $[K]^{(e)}$ 中元素按照局部码排列，在整体刚度矩阵 $[K]$ 中元素按照总码排列。这样，由单元刚度矩阵 $[K]^{(e)}$ 求单元贡献矩阵 $K^{(e)}$ 的问题实质上就是 $[K]^{(e)}$ 中元素在 $K^{(e)}$ 中如何定位的问题。定位规则是

$$k_{ij}^{(e)}=K_{\lambda_i\lambda_j}^{(e)}$$

即根据单元定位向量 $\{\lambda\}^{(e)}$ 将元素 $k_{ij}^{(e)}$ 定位在 $K^{(e)}$ 中的 λ_i 行和 λ_j 列的位置上。

如图 8-12 (b) 中单元结点对应的总码，构成单元定位向量 $\{\lambda\}^{(e)}$：

$$\{\lambda\}^{(1)} = \begin{Bmatrix}1\\2\\3\\0\\0\\0\end{Bmatrix},\quad \{\lambda\}^{(2)} = \begin{Bmatrix}1\\2\\3\\4\\5\\6\end{Bmatrix},\quad \{\lambda\}^{(3)} = \begin{Bmatrix}4\\5\\6\\0\\0\\0\end{Bmatrix}$$

利用例 8-4 的结果，各单元在整体坐标系下的单元刚度矩阵在单元定位向量 $\{\lambda\}^{(e)}$ 的指引下形成单元贡献矩阵：

$$K^{(1)} = \begin{array}{c} \\ 1\\2\\3\\ \\ \\ \\ \end{array}\begin{array}{c}\begin{array}{ccc} 1 & 2 & 3 \end{array}\\ \left[\begin{array}{ccc:ccc} 2.31 & 0 & -6.94 & 0 & 0 & 0\\ 0 & 83.3 & 0 & 0 & 0 & 0\\ -6.94 & 0 & 27.8 & 0 & 0 & 0\\ \hdashline 0 & 0 & 0 & 0 & 0 & 0\\ 0 & 0 & 0 & 0 & 0 & 0\\ 0 & 0 & 0 & 0 & 0 & 0 \end{array}\right]\end{array} \times 10^{-3}$$

$$K^{(2)} = \begin{array}{c} \\ 1\\2\\3\\4\\5\\6 \end{array}\begin{array}{c}\begin{array}{cccccc} 1 & 2 & 3 & 4 & 5 & 6 \end{array}\\ \left[\begin{array}{ccc:ccc} 52.5 & 0 & 0 & -52.5 & 0 & 0\\ 0 & 0.58 & 3.47 & 0 & -0.58 & 3.47\\ 0 & 3.47 & 27.8 & 0 & -3.47 & 13.9\\ \hdashline -52.5 & 0 & 0 & 52.5 & 0 & 0\\ 0 & -0.58 & -3.47 & 0 & 0.58 & -3.47\\ 0 & 3.47 & 13.9 & 0 & -3.47 & 27.8 \end{array}\right]\end{array} \times 10^{-3}$$

$$K^{(3)} = \begin{array}{c} \\ \\ \\ \\ 4\\5\\6 \end{array}\begin{array}{c}\begin{array}{cccccc} & & & 4 & 5 & 6 \end{array}\\ \left[\begin{array}{ccc:ccc} 0 & 0 & 0 & 0 & 0 & 0\\ 0 & 0 & 0 & 0 & 0 & 0\\ 0 & 0 & 0 & 0 & 0 & 0\\ \hdashline 0 & 0 & 0 & 2.31 & 0 & -6.94\\ 0 & 0 & 0 & 0 & 83.3 & 0\\ 0 & 0 & 0 & -6.94 & 0 & 27.8 \end{array}\right]\end{array} \times 10^{-3}$$

则，总的刚度矩阵为：

$$[K] = K^{(1)} + K^{(2)} + K^{(3)} = \sum_{(e)} K^{(e)}$$

$$= \begin{array}{c} \\ 1\\2\\3\\4\\5\\6 \end{array}\begin{array}{c}\begin{array}{cccccc} 1 & 2 & 3 & 4 & 5 & 6 \end{array}\\ \left[\begin{array}{ccc:ccc} 54.81 & 0 & -6.94 & -52.5 & 0 & 0\\ 0 & 83.88 & 3.47 & 0 & -0.58 & 3.47\\ -6.94 & 3.47 & 55.6 & 0 & -3.47 & 13.9\\ \hdashline -52.5 & 0 & 0 & 54.81 & 0 & -6.94\\ 0 & -0.58 & -3.47 & 0 & 83.88 & -3.47\\ 0 & 3.47 & 13.9 & -6.94 & -3.47 & 55.6 \end{array}\right]\end{array} \times 10^{-3}$$

综上，用单元集成法把整体坐标系下的单元刚度矩阵 $[K]^{(e)}$ 集合成整体刚度矩阵 $[K]$ 可以分两步进行：第一步是将单元刚度矩阵 $[K]^{(e)}$ 中的元素按照单元定位向量 $\{\lambda\}^{(e)}$ 在单元贡献矩阵中定位 $K^{(e)}$；第二步是将 $K^{(e)}$ 中非零元素累加。

在实际实施过程中，将两步同时进行，即边定位边累加的办法，由 $[K]^{(e)}$ 直接形成 $[K]$，具体步骤如下：

（1）先将整体刚度矩阵 $[K]$ 置零，这时 $[K]=0$；

（2）将 $[K]^{(1)}$ 的非零元素按照 $\{\lambda\}^{(1)}$ 在 $[K]$ 中进行定位累加，这时 $[K]=K^{(1)}$；

（3）将 $[K]^{(2)}$ 的非零元素按照 $\{\lambda\}^{(2)}$ 在 $[K]$ 中进行定位累加，这时 $[K]=K^{(1)}+K^{(2)}$；如此完成所有单元的累加得到 $[K]=\sum\limits_{(e)}K^{(e)}$。

8.6.3 刚架的等效结点荷载

以上讨论刚架的计算，只考虑了由结点位移 $\{\Delta\}$ 推算结点力的关系式，即整体刚度方程

$$[K]\{\Delta\}=\{F\}$$

它只反映结构的刚度性质，而不涉及原结构上是否作用有荷载，同连续梁相同，作用在刚架上的荷载可以是结点荷载、非结点荷载或两者的组合。同样要对非结点荷载进行变换形成等效结点荷载。

由整体刚度方程可知，由于荷载向量 $\{F\}$ 与位移向量 $\{\Delta\}$ 是一一对应关系，故等效结点荷载是按照单元定位向量所集成的。具体计算步骤归纳如下：

第一步，求各杆的固端内力。

在局部坐标系下，单元的固端内力为：

$$\{\overline{F}_{\mathrm{P}}^{F}\}^{(e)}=\begin{Bmatrix}\overline{F}_1^F\\ \overline{F}_2^F\end{Bmatrix}^{(e)}=\begin{Bmatrix}\overline{X}_1^F\\ \overline{Y}_1^F\\ \overline{M}_1^F\\ \hdashline \overline{X}_2^F\\ \overline{Y}_2^F\\ \overline{M}_2^F\end{Bmatrix}^{(e)}$$

第二步，求单元在整体坐标系下的等效结点荷载 $\{F_{\mathrm{Pe}}\}^{(e)}$。

将局部坐标系中的固端力，利用坐标变换公式转换为整体坐标系中的单元等效结点荷载。

$$\{F_{\mathrm{Pe}}\}^{(e)}=[T]^{(e)T}\{\overline{F}_{\mathrm{Pe}}\}=-[T]^{(e)T}\{\overline{F}_{\mathrm{P}}^{F}\} \tag{8-27}$$

第三步，求整个结构的等效结点荷载 $\{F_{\mathrm{Pe}}\}$。

依次将 $\{F_{\mathrm{Pe}}\}^{(e)}$ 中的元素按照单元定位向量 $\{\lambda\}^{(e)}$ 进行定位累加，即得 $\{F_{\mathrm{Pe}}\}$。

如果刚架上还有结点荷载 $\{F_{\mathrm{n}}\}$，则最后总的荷载列阵为：

$$\{F\}=\{F_{\mathrm{Pe}}\}+\{F_{\mathrm{n}}\} \tag{8-28}$$

当有非结点荷载作用时，结构中的单元杆端力有两部分组成：一部分是结点受到约

束，各杆见为固端梁情形下的杆端力，表现为固端力；另一部分是总结点荷载作用下的内力 $[\overline{K}]^{(e)}\{\overline{\Delta}\}^{(e)}$。即

$$\{\overline{F}\}^{(e)}=\{\overline{F}_{\mathrm{P}}^{F}\}+[\overline{K}]^{(e)}\{\overline{\Delta}\}^{(e)} \tag{8-29}$$

【例 8-5】 求图 8-12（a）所示结构的等效结点荷载。

解：（1）求局部坐标系中的固端力 $\{\overline{F}_{\mathrm{P}}^{F}\}$。只有单元①有 $\{\overline{F}_{\mathrm{P}}^{F}\}$，即

$$\{\overline{F}_{\mathrm{P}}^{F}\}^{(1)}=\begin{Bmatrix}0\\ \dfrac{ql}{2}\\ \dfrac{ql^2}{12}\\ \hdashline 0\\ \dfrac{ql}{2}\\ -\dfrac{ql^2}{12}\end{Bmatrix}=\begin{Bmatrix}0\\3\\3\\ \hdashline 0\\3\\-3\end{Bmatrix}$$

（2）求单元在整体坐标系中的等效结点荷载 $\{F_{\mathrm{Pe}}\}^{(e)}$。在单元①中，$\alpha=90°$，故得：

$$\{F_{\mathrm{Pe}}\}^{(3)}=-[T]^{(3)T}\{\overline{F}_{\mathrm{P}}^{F}\}^{(3)}=-\left[\begin{array}{ccc:ccc}0&-1&0&0&0&0\\1&0&0&0&0&0\\0&0&1&0&0&0\\ \hdashline 0&0&0&0&-1&0\\0&0&0&1&0&0\\0&0&0&0&0&1\end{array}\right]\begin{Bmatrix}0\\3\\3\\ \hdashline 0\\3\\-3\end{Bmatrix}=\begin{Bmatrix}3\\0\\-3\\ \hdashline 3\\0\\3\end{Bmatrix}$$

（3）求刚架的等效结点荷载。

按单元①定位向量 $\{\lambda\}^{(1)}$，将 $\{F_{\mathrm{Pe}}\}^{(e)}$ 中的元素在结构的等效结点荷载 $\{F_{\mathrm{Pe}}\}$ 中定位。

$$\{\lambda\}^{(1)}=\begin{Bmatrix}1\\2\\3\\ \hdashline 0\\0\\0\end{Bmatrix}\qquad \{F_{\mathrm{Pe}}\}^{(1)}=\begin{Bmatrix}3\\0\\-3\\ \hdashline 3\\0\\3\end{Bmatrix}\begin{matrix}1\\2\\3\\ \\ \\ \end{matrix}\qquad \begin{matrix}(1)\rightarrow\\(2)\rightarrow\\(3)\rightarrow\\ \\ \\ \end{matrix}\begin{Bmatrix}3\\0\\3\\ \hdashline 0\\0\\0\end{Bmatrix}\begin{matrix}1\\2\\3\\4\\5\\6\end{matrix}$$

所以 $\{F_{\mathrm{Pe}}\}=\begin{Bmatrix}3\\0\\-3\\ \hdashline 0\\0\\0\end{Bmatrix}$

8.6.4 用直接刚度法计算刚架的步骤和示例

根据前面讲述的内容现将直接刚度法计算刚架的步骤归纳如下：

（1）整理原始数据，选择结构的整体坐标系和单元的局部坐标系，对单元和结构进行编码。

（2）形成局部坐标系中的单元刚度矩阵 $[\overline{K}]^{(e)}$。

（3）形成整体坐标系中的单元刚度方程 $[K]^{(e)}$。

（4）根据单元定位向量 $\{\lambda\}^{(e)}$，用直接刚度法形成整体刚度矩阵 $[K]$。

（5）求局部坐标系的单元等效结点荷载 $\{\overline{F}_{Pe}\}^{(e)}$，经过坐标变换转化成整体坐标系中的单元等效结点荷载 $\{F_{Pe}\}^{(e)}$，根据单元定位向量 $\{\lambda\}^{(e)}$ 形成整体结构的等效结点荷载 $\{F_{Pe}\}$，再考虑直接结点荷载 $\{F_n\}$，形成总的荷载列阵 $\{F\}$。

（6）求解结构刚度方程 $[K]\{\Delta\}=\{F_{Pe}\}+\{F_n\}$，得到结构的结点位移 $\{\Delta\}$。

（7）取出单元杆端位移 $\{\overline{\Delta}\}^{(e)}$，按式 $\{\overline{F}\}^{(e)}=\{\overline{F}_P^F\}+[\overline{K}]^{(e)}\{\overline{\Delta}\}^{(e)}$ 计算杆端内力 $\{\overline{F}\}^{(e)}$。

（8）根据要求绘制内力图。

【例 8-6】 求图 8-12 所示刚架的内力，并绘制内力图。杆件条件同例 8-4。

解：（1）整理原始数据和编码。

（2）形成局部坐标系中的单元刚度矩阵 $[\overline{K}]^{(e)}$。

（3）形成整体坐标系中的单元刚度方程 $[K]^{(e)}$。

（4）根据单元定位向量 $\{\lambda\}^{(e)}$，用直接刚度法形成整体刚度矩阵 $[K]$。

（5）求等效结点荷载 $\{F_{Pe}\}$。

以上各步骤已经在例 8-4、例 8-5 中完成。

（6）解基本方程。由

$$10^{-3}\left[\begin{array}{ccc|ccc} 54.81 & 0 & -6.94 & -52.5 & 0 & 0 \\ 0 & 83.88 & 3.47 & 0 & -0.58 & 3.47 \\ -6.94 & 3.47 & 55.6 & 0 & 3.47 & 13.9 \\ \hline -52.5 & 0 & 0 & 54.81 & 0 & -6.94 \\ 0 & -0.58 & -3.47 & 0 & 83.88 & -3.74 \\ 0 & 3.47 & 13.9 & -6.94 & -3.47 & 55.6 \end{array}\right]\begin{Bmatrix} \Delta_1 \\ \Delta_2 \\ \Delta_3 \\ \Delta_4 \\ \Delta_5 \\ \Delta_6 \end{Bmatrix}=\begin{Bmatrix} 3 \\ 0 \\ -3 \\ 0 \\ 0 \\ 0 \end{Bmatrix}$$

求得

$$\begin{Bmatrix} \Delta_1 \\ \Delta_2 \\ \Delta_3 \\ \Delta_4 \\ \Delta_5 \\ \Delta_6 \end{Bmatrix}=\begin{Bmatrix} 847 \\ -5.13 \\ 28.4 \\ 824 \\ 5.13 \\ 96.5 \end{Bmatrix}$$

(7) 求各杆杆端力 $\{\overline{F}\}^{(e)}$。

在单元①中：先求 $\{F\}^{(1)}$，然后求 $\{\overline{F}\}^{(1)}$。即

$$\{F\}^{(1)} = [K]^{(1)}\{\Delta\}^{(1)} + \{F_{P}^{F}\}^{(1)}$$

$$= 10^{-3} \times \begin{bmatrix} 2.31 & 0 & -6.94 & -2.31 & 0 & -6.94 \\ 0 & 83.3 & 0 & 0 & -83.3 & 0 \\ -6.94 & 0 & 27.8 & 6.94 & 0 & 13.9 \\ -2.31 & 0 & 6.94 & 2.31 & 0 & 6.94 \\ 0 & -83.3 & 0 & 0 & 83.3 & 0 \\ -6.94 & 0 & 13.9 & 6.94 & 0 & 27.8 \end{bmatrix} \times \begin{Bmatrix} 847 \\ -5.13 \\ 28.4 \\ 0 \\ 0 \\ 0 \end{Bmatrix} + \begin{Bmatrix} -3 \\ 0 \\ 3 \\ -3 \\ 0 \\ -3 \end{Bmatrix}$$

$$= \begin{Bmatrix} -1.24 \\ -0.43 \\ -2.09 \\ -4.76 \\ 0.43 \\ -8.49 \end{Bmatrix}$$

由此求得：

$$\{\overline{F}\}^{(1)} = [T]\{F\}^{(1)} = \begin{Bmatrix} -0.43 \\ 1.24 \\ -2.09 \\ 0.43 \\ 4.76 \\ -8.49 \end{Bmatrix}$$

在单元②中：

$$\{F\}^{(2)} = \{F\}^{(2)} = [K]^{(2)}\{\Delta\}^{(2)}$$

$$= 10^{-3} \times \begin{bmatrix} 52.5 & 0 & 0 & -52.5 & 0 & 0 \\ 0 & 0.58 & 3.47 & 0 & -0.58 & 3.47 \\ 0 & 3.47 & 27.8 & 0 & -3.47 & 13.9 \\ -52.5 & 0 & 0 & 52.5 & 0 & 0 \\ 0 & -0.58 & -3.47 & 0 & 0.58 & -3.47 \\ 0 & 3.47 & 13.9 & 0 & -3.47 & 27.8 \end{bmatrix} \times \begin{Bmatrix} 847 \\ -5.13 \\ 28.4 \\ 824 \\ 5.13 \\ 96.5 \end{Bmatrix}$$

$$= \begin{Bmatrix} 1.24 \\ 0.43 \\ 2.09 \\ -1.24 \\ -0.43 \\ -3.04 \end{Bmatrix}$$

在单元③中：

$\{F\}^{(3)} = [K]^{(3)}\{\Delta\}^{(3)}$

$$= 10^{-3} \times \begin{bmatrix} 2.31 & 0 & -6.94 & -2.31 & 0 & -6.94 \\ 0 & 83.3 & 0 & 0 & -83.3 & 0 \\ -6.94 & 0 & 27.8 & 6.94 & 0 & 13.9 \\ -2.31 & 0 & 6.94 & 2.31 & 0 & 6.94 \\ 0 & -83.3 & 0 & 0 & 83.3 & 0 \\ -6.94 & 0 & 13.9 & 6.94 & 0 & 27.8 \end{bmatrix} \times \begin{Bmatrix} 824 \\ 5.13 \\ 96.5 \\ 0 \\ 0 \\ 0 \end{Bmatrix}$$

$$= \begin{Bmatrix} 1.24 \\ 0.43 \\ -3.04 \\ -1.24 \\ -0.43 \\ 4.38 \end{Bmatrix}$$

$$\{\overline{F}\}^{(3)} = [T]\{F\}^{(3)} = \begin{Bmatrix} 0.43 \\ -1.24 \\ -3.04 \\ -0.43 \\ 1.24 \\ -4.38 \end{Bmatrix}$$

（8）根据杆端力绘制内力图，如图 8-13 所示。

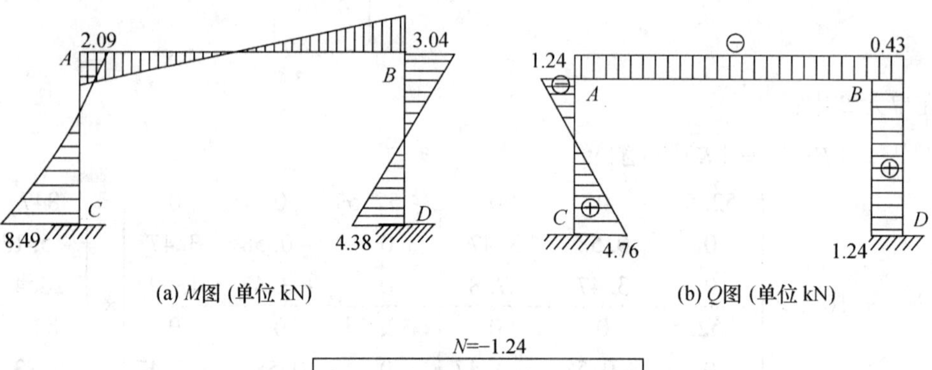

(a) M图 (单位 kN)　　(b) Q图 (单位 kN)

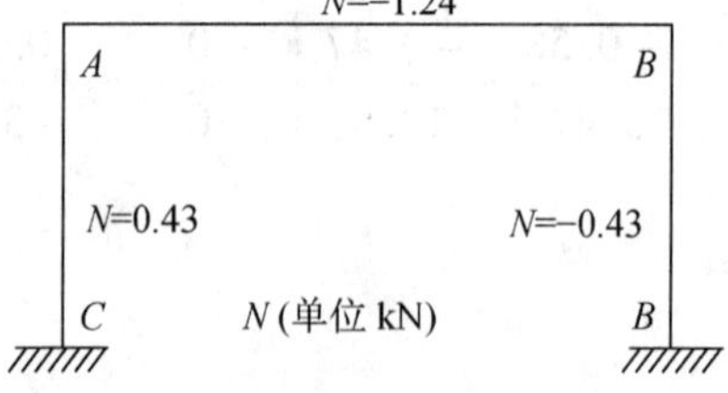

(c) Q图 (单位 kN)

图 8-13　例 8-6 结果图

【**例** 8-7】试求图 8-14（a）所示桁架的内力。各杆 EA 相同。

解：（1）单元和结点编码如图 8-14（b）所示。

结点 A、B 为铰支端，两个位移分量为零，用 0 编码。结点 C 编码为（1，2），结点 D 的编码为（3，4）。

单元局部坐标用箭头方向表示在图 8-14（b）中。

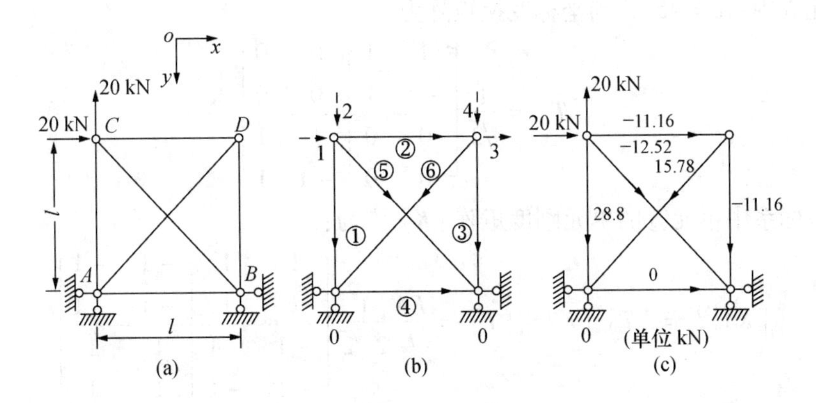

图 8-14　例 8-7 用图

（2）求局部坐标系中的各单元刚度矩阵 $[\overline{K}]^{(e)}$。

在局部坐标系中单元①、②、③、④的单元刚度矩阵相同。

$$[\overline{K}]^{(1)}=[\overline{K}]^{(2)}=[\overline{K}]^{(3)}=[\overline{K}]^{(4)}=\frac{EA}{l}\left[\begin{array}{cc:cc}1&0&-1&0\\0&0&0&0\\\hdashline -1&0&1&0\\0&0&0&0\end{array}\right]$$

$$[\overline{K}]^{(5)}=[\overline{K}]^{(6)}=\frac{EA}{\sqrt{2}l}\left[\begin{array}{cc:cc}1&0&-1&0\\0&0&0&0\\\hdashline -1&0&1&0\\0&0&0&0\end{array}\right]$$

（3）求整体坐标系中的单元刚度矩阵 $[K]^{(e)}$。

在单元①、③中，$\alpha=90°$，则坐标转换矩阵为：

$$[T]=\left[\begin{array}{cc:cc}0&1&0&0\\-1&0&0&0\\\hdashline 0&0&0&1\\0&0&-1&0\end{array}\right]$$

整体坐标系中单元①、③的单元刚度矩阵 $[K]^{(e)}$ 为：

$$[K]^{(1)}=[K]^{(3)}=[T]^{T}[\overline{K}]^{(1)}[T]=\frac{EA}{l}\left[\begin{array}{cc:cc}0&0&0&0\\0&1&0&-1\\\hdashline -1&0&1&0\\0&0&0&0\end{array}\right]$$

在单元②、④中：$\alpha=0°$，则整体坐标系中单元②、④的单元刚度矩阵 $[K]^{(e)}$ 为：

$$[K]^{(2)}=[K]^{(4)}=[\bar{K}]^{(2)}=\frac{EA}{l}\left[\begin{array}{cc:cc}1&0&-1&0\\0&0&0&0\\\hdashline -1&0&1&0\\0&0&0&0\end{array}\right]$$

在单元⑤中：$\alpha=45°$，则坐标变换矩阵为：

$$[T]=\frac{1}{\sqrt{2}}\left[\begin{array}{cc:cc}1&1&0&0\\-1&1&0&0\\\hdashline 0&0&1&1\\0&0&-1&1\end{array}\right]$$

整体坐标系中单元⑤的单元刚度矩阵 $[K]^{(5)}$ 为：

$$[K]^{(5)}=[T]^T[\bar{K}]^{(5)}[T]=\frac{EA}{l}\frac{1}{2\sqrt{2}}\left[\begin{array}{cc:cc}1&1&-1&-1\\1&1&-1&-1\\\hdashline -1&-1&1&1\\-1&-1&1&1\end{array}\right]$$

在单元⑥中：$\alpha=135°$，则坐标变换矩阵为：

$$[T]=\frac{1}{\sqrt{2}}\left[\begin{array}{cc:cc}-1&-1&0&0\\-1&-1&0&0\\\hdashline 0&0&-1&-1\\0&0&-1&-1\end{array}\right]$$

整体坐标系中单元⑥的单元刚度矩阵 $[K]^{(6)}$ 为：

$$[K]^{(6)}=[T]^T[\bar{K}]^{(6)}[T]=\frac{EA}{l}\frac{1}{2\sqrt{2}}\left[\begin{array}{cc:cc}1&-1&-1&1\\-1&1&1&-1\\\hdashline -1&1&1&-1\\1&-1&-1&1\end{array}\right]$$

（4）直接刚度法集合成整体刚度矩阵 $[K]$。

由图 8-14（b）可知各单元的单元定位向量 $[\lambda]^{(e)}$ 为：

$$[\lambda]^{(1)}=\begin{Bmatrix}1\\2\\0\\0\end{Bmatrix},\quad [\lambda]^{(2)}=\begin{Bmatrix}1\\2\\3\\4\end{Bmatrix},\quad [\lambda]^{(3)}=\begin{Bmatrix}3\\4\\0\\0\end{Bmatrix}$$

$$[\lambda]^{(4)}=\begin{Bmatrix}0\\0\\0\\0\end{Bmatrix},\quad [\lambda]^{(5)}=\begin{Bmatrix}1\\2\\0\\0\end{Bmatrix},\quad [\lambda]^{(6)}=\begin{Bmatrix}3\\4\\0\\0\end{Bmatrix}$$

根据各单元定位向量形成整体刚度矩阵 $[K]$：

$$[K]=\frac{EA}{l}\begin{bmatrix}1.35 & 0.35 & -1 & 0\\0.35 & 1.35 & 0 & 0\\-1 & 0 & 1.35 & -0.35\\0 & 0 & -0.35 & 1.35\end{bmatrix}$$

(5) 求结点荷载 $\{F\}$。

$$\{F\}=\begin{Bmatrix}20\\-20\\0\\0\end{Bmatrix}$$

(6) 解基本方程。

解基本方程:

$$\frac{EA}{l}\begin{bmatrix}1.35 & 0.35 & -1 & 0\\0.35 & 1.35 & 0 & 0\\-1 & 0 & 1.35 & -0.35\\0 & 0 & -0.35 & 1.35\end{bmatrix}\begin{Bmatrix}\Delta_1\\\Delta_2\\\Delta_3\\\Delta_4\end{Bmatrix}=\begin{Bmatrix}20\\-20\\0\\0\end{Bmatrix}$$

可得:

$$\begin{Bmatrix}\Delta_1\\\Delta_2\\\Delta_3\\\Delta_4\end{Bmatrix}=\frac{EA}{l}\begin{Bmatrix}53.88\\-28.84\\42.72\\-11.16\end{Bmatrix}$$

(7) 求各杆的杆端力 $\{\overline{F}\}^{(e)}$。

单元①:

$$\{\overline{F}\}^{(1)}=[T]\{F\}^{(1)}=[T][K]^{(1)}\{\Delta\}^{(1)}$$

$$=\begin{bmatrix}0 & 1 & 0 & 0\\-1 & 0 & 0 & 0\\0 & 0 & 0 & 1\\0 & 0 & -1 & 0\end{bmatrix}\times\begin{bmatrix}0 & 0 & 0 & 0\\0 & 1 & 0 & -1\\0 & 0 & 0 & 0\\0 & -1 & 0 & 1\end{bmatrix}\times\begin{Bmatrix}53.88\\-28.84\\0\\0\end{Bmatrix}$$

$$=\begin{Bmatrix}-28.84\\0\\28.84\\0\end{Bmatrix}$$

单元②:

$$\{\overline{F}\}^{(2)}=\{F\}^{(2)}=[K]^{(2)}\{\Delta\}^{(2)}=\begin{bmatrix}1 & 0 & -1 & 0\\0 & 0 & 0 & 0\\-1 & 0 & 1 & 0\\0 & 0 & 0 & 0\end{bmatrix}\times\begin{Bmatrix}53.88\\-28.84\\42.72\\-11.16\end{Bmatrix}=\begin{Bmatrix}11.16\\0\\-11.16\\0\end{Bmatrix}$$

单元③：

$$\{\overline{F}\}^{(3)}=[T]\{F\}^{(3)}=[T][K]^{(3)}\{\Delta\}^{(3)}$$

$$=\left[\begin{array}{cc:cc}0&1&0&0\\-1&0&0&0\\ \hdashline 0&0&0&1\\0&0&-1&0\end{array}\right]\times\left[\begin{array}{cc:cc}0&0&0&0\\0&1&0&-1\\ \hdashline 0&0&0&0\\0&-1&0&1\end{array}\right]\times\left\{\begin{array}{c}42.72\\-11.16\\ \hdashline 0\\0\end{array}\right\}$$

$$=\left\{\begin{array}{c}11.16\\0\\ \hdashline -11.16\\0\end{array}\right\}$$

单元④：

$$\{\overline{F}\}^{(4)}=\{F\}^{(4)}=[K]^{(4)}\{\Delta\}^{(4)}=\{0\}$$

单元⑤：

$$\{\overline{F}\}^{(5)}=[T]\{F\}^{(5)}=[T][K]^{(5)}\{\Delta\}^{(5)}$$

$$=\frac{1}{\sqrt{2}}\left[\begin{array}{cc:cc}1&1&0&0\\-1&1&0&0\\ \hdashline 0&0&1&1\\0&0&-1&1\end{array}\right]\times\frac{1}{2\sqrt{2}}\left[\begin{array}{cc:cc}1&1&-1&-1\\1&1&-1&-1\\ \hdashline -1&-1&1&1\\-1&-1&1&1\end{array}\right]\times\left\{\begin{array}{c}53.88\\-28.84\\ \hdashline 0\\0\end{array}\right\}$$

$$=\left\{\begin{array}{c}12.51\\0\\ \hdashline -12.51\\0\end{array}\right\}$$

单元⑥：

$$\{\overline{F}\}^{(6)}=[T]\{F\}^{(6)}=[T][K]^{(6)}\{\Delta\}^{(6)}$$

$$=\frac{1}{\sqrt{2}}\left[\begin{array}{cc:cc}-1&1&0&0\\-1&1&0&0\\ \hdashline 0&0&-1&1\\0&0&-1&-1\end{array}\right]\times\frac{1}{2\sqrt{2}}\left[\begin{array}{cc:cc}1&-1&-1&1\\-1&1&1&-1\\ \hdashline -1&1&1&-1\\1&-1&-1&1\end{array}\right]\times\left\{\begin{array}{c}42.72\\-11.16\\ \hdashline 0\\0\end{array}\right\}$$

$$=\left\{\begin{array}{c}-15.78\\0\\ \hdashline 15.78\\0\end{array}\right\}$$

各杆内力值标注在图 8-14（c）中桁架的各杆旁边。

思 考 题

1. 请简要叙述位移法、力矩分配法、矩阵位移法之间的区别与联系。
2. 什么是单元刚度方程，什么是整体刚度方程？分别说明单元刚度矩阵和整体刚度矩阵的物理意义，刚度矩阵中的各行各列代表的意义，刚度矩阵中每个元素代表的意义？

3. 单元的局部坐标系如何规定？结构的整体坐标系如何规定？单元的杆端力和杆端位移的符号是如何规定的？

4. 单元刚度矩阵和整体刚度矩阵的性质？

5. 用直接刚度法计算连续梁的步骤有哪些？

6. 坐标转换矩阵的物理意义。

7. 什么是等效结点荷载？怎么将非结点荷载转换成等效结点荷载？

8. 什么是单元定位向量？

9. 用直接刚度法计算刚架的步骤有哪些？

习　题

1. 用直接刚度法求解图 8-15 所示结构的刚度矩阵。

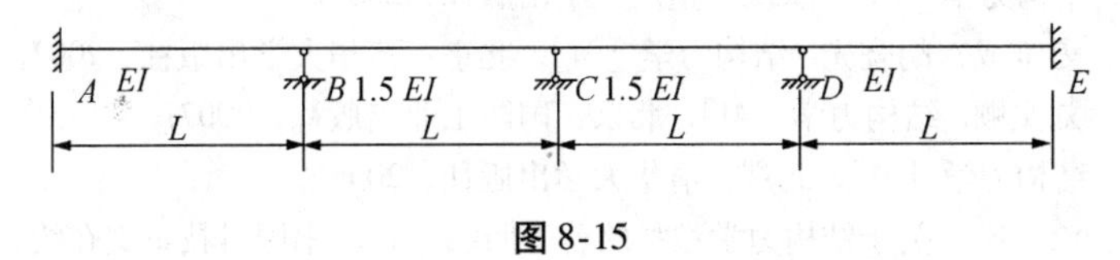

图 8-15

2. 用矩阵位移法计算图 8-16 所示连续梁，并作内力图。

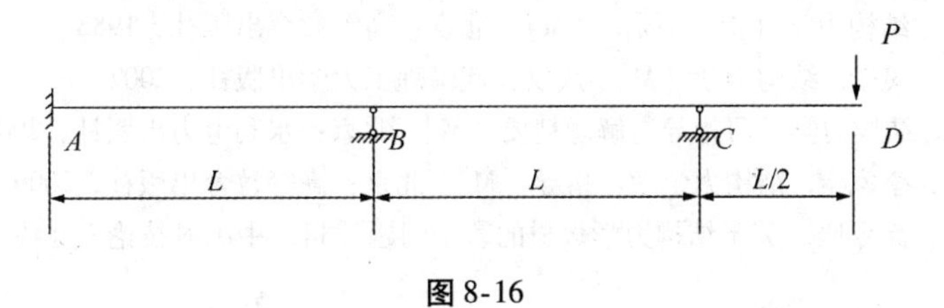

图 8-16

3. 试求图 8-17 所示刚架的等效结点荷载和总的结点荷载力的列阵。（整体坐标系取 X 轴水平向右，Y 轴垂直向下）

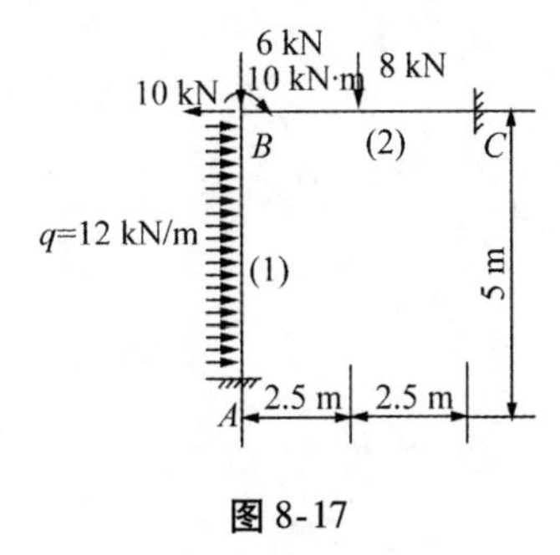

图 8-17

参 考 文 献

［1］ 龙驭球，包世华. 结构力学教程［M］. 北京：高等教育出版社，2001.

［2］ 李廉锟. 结构力学［M］. 北京：高等教育出版社，2004.

［3］〔美〕S. P. 铁木辛柯（S. P. Timoshenko），〔美〕D. H. 杨（D. H. Young）. 叶红玲，杨庆生译. 结构理论［M］. 北京：机械工业出版社，2005.

［4］ 杨迪雄. 结构力学发展的早期历史和启示［J］. 力学与实践，2007，6.

［5］ 阳日. 结构力学（第3版）［M］. 重庆：重庆大学出版社，2006.

［6］ 包世华. 结构力学［M］. 武汉：武汉理工大学出版社，2000.

［7］ 刘世奎. 结构力学［M］. 北京：清华大学出版社，2008.

［8］ 文国治. 结构力学［M］. 重庆：重庆大学出版社，2009.

［9］ 宋非非，姜维成，胡晓光. 结构力学［M］. 北京：清华大学出版社，2007.

［10］ 于仁财、刘文顺. 结构力学［M］. 北京：国防工业出版社，2007.

［11］ 李元美. 结构力学［M］. 北京：清华大学出版社，2006.

［12］ 蒋中祥，涂令康. 关于结构力学教材的若干问题［J］. 中国科技论文在线，2007，1.

［13］ 王焕定，张永山. 关于结构力学教材中的一些量纲问题［J］. 力学与实践，2001，5.

［14］ 杨天祥. 结构力学（上、下册）（第2版）［M］. 北京：高等教育出版社，1986.

［15］ 杨茀康. 结构力学（上、下册）［M］. 北京：高等教育出版社，1983.

［16］ 胡兴国，吴莹. 结构力学［M］. 武汉：武汉理工大学出版社，2007.

［17］ 周欣竹. 结构力学学习指导与解题精要［M］. 北京：水利电力出版社，2007.

［18］ 洪范文，李家宝. 结构力学学习指导［M］. 北京：高等教育出版社，2009.

［19］ 蒋中祥，涂令康. 关于结构力学教材的若干问题［J］. 中国科技论文在线，2007，1.